8° V
44048

AF591792

BIBLIOTHÈQUE NATIONALE
IMPRIMÉS
DÉPOT LÉGAL
Indre-et-Loire
N° 499
1923

PREMIÈRES NOTIONS

# D'ALGÈBRE



AVEC DE NOMBREUX EXERCICES

A L'USAGE DES ÉCOLES PRIMAIRES

PAR

UNE RÉUNION DE PROFESSEURS

PARIS-VI$^e$ — LIBRAIRIE GÉNÉRALE, RUE DE VAUGIRARD, 77

TOURS | PARIS
MAISON A. MAME & FILS | J. DE GIGORD
IMPRIMEURS-ÉDITEURS | RUE CASSETTE, 15

ET CHEZ LES PRINCIPAUX LIBRAIRES

N° 193

Tout exemplaire qui ne sera pas revêtu de la signature ci-dessous sera réputé contrefait.

---

## EXTRAIT DU CATALOGUE

### LECTURE

Livre-Tableau, format in-plano.
Tableaux de lecture.
Syllabaire, in-18.
Nouveau Syllabaire, in-16.
Premier Livre de Lecture, in-18.
Vie de N.-S. Jésus-Christ, in-18.
Devoirs du chrétien, in-12.
Lectures courantes, Cours élémentaire et moyen, 2 vol. in-12.
Lect. instructives (manuscrit), in-12.

### LANGUE FRANÇAISE

Abrégé de Grammaire, in-18.
Grammaire française, in-12.
Cours élém. d'Orthographe, in-12.
Cours interméd. d'Orthographe, in-12.
Cours d'Analyse, in-12.
Exercices orthogr., 2 vol in-12.
Leçons de Langue française : Cours élémentaire, moyen, supérieur et complémentaire, 4 vol. in-12.

### HISTOIRE SAINTE ET HISTOIRE DE FRANCE

Petite Histoire sainte, in-18.
Histoire sainte illustrée, Cours prép., élémentaire et moyen, 3 vol. in-12.
Histoire sainte, Cours supérieur, in-12.
Histoire sainte et Histoire de France, in-18.
Histoire de France illustrée : Cours préparatoire, élémentaire, moyen, supérieur, 4 vol. in-12.
Chronologie de l'Histoire de France, in-12.

### GÉOGRAPHIE

Géographie, Cours élément., moyen et supérieur, 3 vol. in-18, in-16, in-12.
Géographie-Atlas, Cours préparatoire, élémentaire, moyen et supérieur, 4 vol. in-4°.
Atlas B, C, D, E, in-4°, contenant : 30, 50, 100, 150 cartes.

### MATHÉMATIQUES

Petite Arithmétique, in-18.
Abrégé d'Arithmétique, in-18.
Exercices de Calcul, in-18.
Recueil de Problèmes, in-18.
Petit Système métrique, in-18.
Les Fractions, in-18.
Traité d'Arithmétique décimale, in-12.
Arithmétique, Cours élément., moyen et supérieur, 3 vol. in-18, in-16, in-12.
Recueil de Problèmes, in-12
Abrégé de Géométrie, in-18.
Géométrie, Cours élémentaire, moyen et supérieur, 3 vol. in-12.
Manuel d'Arpentage, in-12.
Éléments d'Arithmétique, d'Algèbre, de Géométrie, de Trigonométrie, d'Arpentage, de Géométrie descriptive, de Cosmographie, de Mécanique, 8 vol. in-12.
Tables de logarithmes, in-12.

# PREMIÈRES NOTIONS
# D'ALGÈBRE

## PRÉLIMINAIRES



1. — **L'Algèbre** est une science qui a pour but de généraliser toutes les questions qu'on peut proposer sur les quantités.

Pour arriver à ce résultat, on représente par des *lettres* les nombres qui mesurent les quantités, et on emploie des *signes* qui indiquent les opérations à effectuer ou les relations entre les grandeurs.

Les premières lettres de l'alphabet désignent les quantités *connues* ou *données*, et les dernières, les quantités *inconnues*.

2. — Les signes algébriques employés pour désigner des opérations sont : $+$, $-$, $\times$, : et $\sqrt{\ }$.

Le signe $+$ (*se dit : plus*) indique une addition : $a + b$ signifie qu'il faut ajouter une quantité représentée par la lettre $b$ à une autre quantité représentée par la lettre $a$.

Le signe $-$ (*moins*) indique une soustraction : $a - b$ signifie qu'il faut retrancher $b$ de $a$.

Le signe $\times$ (*multiplié par*) indique une multiplication : $a \times b$ signifie qu'il faut multiplier $a$ par $b$. Le signe $\times$ se remplace souvent par un point (.), et même il se supprime lorsque les facteurs sont représentés par des lettres : $a.b.c.$ ou $abc$ signifie qu'il faut multiplier $a$ par $b$ et le résultat par $c$.

Le signe : (*divisé par*) indique une division : $a : b$ signifie qu'il faut diviser $a$ par $b$. On indique souvent la division en mettant le dividende et le diviseur sous la forme d'une fraction : ainsi $a : b$ s'écrit aussi $\frac{a}{b}$ ($a$ sur $b$).

Le signe $\sqrt{\ }$, appelé **radical**, indique une racine à extraire.

L'indice qui indique la nature de la racine à extraire se met entre les deux branches du radical. — Ainsi les expressions $\sqrt[2]{a}$, $\sqrt[3]{2b}$, $\sqrt[4]{c}$, signifient qu'il faut extraire la racine carrée de $a$, la racine cubique de $2b$, la racine quatrième de $c$. L'indice 2 ne s'écrit pas : on met $\sqrt{ab}$ pour $\sqrt[2]{ab}$.

3. — Les signes employés pour indiquer les relations entre des quantités sont : $=$, $>$ et $<$.

Le signe $=$ (*égale*) marque l'égalité entre deux quantités : $3a = b + c$ signifie que $3a$ égalent $b$ augmenté de $c$. Les deux grandeurs unies par le signe $=$ sont les *membres* de l'égalité ; la quantité de gauche forme le premier membre, et celle de droite, le second.

Le signe $>$ (*plus grand que*) indique que la quantité placée à gauche du signe est plus grande que la quantité placée à droite : $a > b$ signifie que $a$ est plus grand que $b$.

Le signe $<$ (*plus petit que*) indique que la quantité placée à gauche du signe est plus petite que la quantité placée à droite : $b < a$ signifie que $b$ est plus petit que $a$.

4. **Coefficient.** — On appelle **coefficient**, un nombre ou une lettre qui indique combien de fois il faut répéter une quantité ; il se place devant cette quantité : $5b$, $nx$, signifient qu'il faut prendre 5 fois la quantité $b$ et $n$ fois $x$ ; de même $\frac{3}{4}a$ indique qu'il faut répéter 3 fois le quart de $a$. Le coefficient *1* ne s'écrit pas : on met $a$ pour $1a$.

5. **Exposant.** — On appelle **exposant**, un nombre ou une lettre qui indique combien de fois une quantité est prise comme facteur ; il se place à droite et au-dessus de cette quantité : $d^4$ (prononcez *d quatre*) signifie que $d$ est pris 4 fois comme facteur ; ainsi $d^4 = d \times d \times d \times d$ ; $b^m$ égale le produit de $m$ facteurs égaux à $b$.

L'exposant *1* ne s'indique pas ; $a^1$ s'écrit : $a$.

6. **Expression algébrique.** — L'**expression algébrique** est la représentation d'une quantité par des lettres et des signes algébriques.

Une expression algébrique peut être :

*Entière*, n'ayant pas de dénominateur algébrique ;

$$\text{Ex. : } 3a^2,\ 4ab^2 + c^3.$$

*Fractionnaire*, si elle contient un dénominateur ;

$$\text{Ex. : } \frac{a^2 + b^2}{c},\quad \frac{3ab}{m} + \frac{4a^2c}{n}.$$

*Rationnelle*, si elle ne renferme pas de radical ;

$$\text{Ex. : } 7a^2bc - \frac{6a^3c}{b}.$$

*Irrationnelle*, si elle a un ou plusieurs radicaux algébriques ;

$$\text{Ex. : } a + b\sqrt{d},\ a\sqrt{b} - c\sqrt{d}.$$

7. — Un terme est une expression algébrique dont les parties ne sont pas séparées par les signes + ou — : $3a^2$, $5a^4b$, $\sqrt{ac}$ sont des termes.

Les termes précédés du signe + sont dits *positifs* ; ceux qui sont précédés du signe — sont dits *négatifs*.

On sous-entend le signe + devant un terme positif qui est seul ou qui est le premier d'une suite d'autres.

8. — Un **monôme** est une expression algébrique qui n'a qu'*un terme*. Exemple : $10ab^2c^3$.

Un **binôme** est une expression qui a *deux termes*. Exemple : $3ab - 4c^2$.

Un **trinôme** est une expression qui a *trois termes*. Exemple : $x^2 + px + q$.

En général, un **polynôme** est une expression algébrique qui a *plusieurs termes*.

9. **Remarque**. — Pour indiquer une opération à effectuer entre des quantités de plusieurs termes, on les met entre *parenthèses* ( ) et on place entre elles le signe de l'opération

Ex : $(a + b) + (a - b)$, pour l'addition,
$(a + b) - (a - b)$, pour la soustraction,
$(a + b) \times (a - b)$, pour la multiplication,
$(a + b) : (a - b)$, pour la division.

Lorsqu'il y a deux opérations à effectuer sur les mêmes quantités, on met une *parenthèse* pour la première opération et des *crochets* [ ] pour la seconde.

Ex : $(a+b)\times[b-(a-c)]$ signifie qu'il faut soustraire $(a-c)$ de la quantité $b$, et mulitiplier le résultat par $(a+b)$.

10. — **Ordonner un polynôme**, c'est écrire tous ses termes dans un ordre tel que les exposants d'une lettre choisie, appelée *lettre ordonnatrice,* aillent en augmentant ou en diminuant.

Ainsi le polynôme $4a^5-3a^4b-2a^3b^2+8a^2b^3+ab^4-b^5$ est ordonné par rapport aux puissances décroissantes de $a$, et aussi par rapport aux puissances croissantes de $b$.

Les résultats d'une opération doivent toujours être *ordonnés.*

ORDONNER LES POLYNÔMES SUIVANTS :

1. $2x^4+x+3x^5-9-2x^2-8x^3$.
2. $3a^2b+a^3+b^3+3ab^2$.
3. $6xy^3-5x^3y+y^4+9x^2y^2+2x^4$.
4. $3mx^3-4n^2y+5mnxy^2+2mnx^2y$.
5. $10a^2b^3+10a^3b^2+5ab^4+5a^4b+b^5+a^5$.
6. $6b^4x+5b^2x^3-4b^5+x^5-8b^3x^2-3bx^4$.

11. **Termes semblables.** — On appelle **termes semblables** des termes qui ont les mêmes lettres affectées des mêmes exposants, quels que soient leurs coefficients et leurs signes.

L'opération qui consiste à remplacer plusieurs termes semblables par un seul se nomme *réduction.*

12. **Règle.** — **Pour réduire plusieurs termes semblables en un seul, on ajoute d'une part les coefficients de tous les termes positifs, d'autre part ceux de tous les termes négatifs ; la différence des deux sommes, affectés du signe de la plus grande, est le coefficient du terme unique qui doit remplacer tous les autres.**

De même que 3 fr. + 15 fr. — 12 fr. = 6 fr.

Ainsi le polynôme $6a^3-2a^3+a^3$ se réduit à $5a^3$.
et $5a^2b-3ab^2+8a^2b+ab^2-7a^2b$ se réduit à $6a^2b-2ab^2$.

**Faire la réduction des termes semblables.**

7. $2a^3-4b^2+6a^3-5b^2-3a^2$.
8. $3ab^2+5a^2b+4ab^2-4a^2b$.

9. $2x - 5bx + 5b - 3bx - 2b.$

10. $7by - 3ax + 6by^2 + 7ax - 2by.$

11. $8abc^2 - 9a^3bc + 3ab^2c + 8a^3bc.$

12. $5x^2yz^3 + 6xy^2z - 3x^2yz^3 - xyz^4.$

13. $\frac{2}{3}x^3 - \frac{2}{5}x^2y + \frac{3}{4}x^2 - 2xy^2 + \frac{3}{5}x^2y - \frac{5}{4}x^2 - \frac{1}{6}x^3 + \frac{5}{3}xy^2.$

14. $\frac{3}{5}x^2y - \frac{3}{4}xy^2 + \frac{1}{4}x^2y^2 - \frac{5}{4}x^2y + \frac{4}{3}xy^2 - \frac{1}{6}x^2y^2.$

**13. Valeur numérique d'une expression algébrique.** — La valeur numérique d'une expression algébrique est le résultat qu'on obtient quand on remplace chaque lettre par le nombre qu'elle représente, et qu'on effectue les opérations indiquées.

Ainsi le monôme $4a^3b^2c$ pour $a = 2, b = 1$ et $c = 4$, devient : $4 \, . \, 2^3 \, . \, 1^2 \, . \, 4.$ et sa valeur numérique sera 128.

De même le polynôme $-3ab + 5a^2 + \sqrt{c}$ si $a = 2, b = 4$, et $c = 9$. a pour valeur $-3 \, . \, 2 \, . \, 4 + 5 \, . \, 2 \, . \, 2 \, . + \sqrt{9} = -1.$

**Remarque.** — Lorsque l'expression a un certain nombre de termes de signes différents, on met d'un côté le résultat des termes positifs, et d'un autre celui des termes négatifs.

La valeur finale est la différence des deux résultats.

Ex. : soit à trouver la valeur du polynôme :

$12ab - 5a^3 + 15ab^2 - 24c^3 + 5a^2b$ pour $a = 9, b = 5, c = 3.$

**Valeur des termes positifs.**

$$12ab = 12 \times 9 \times 5 = 540$$
$$15ab^2 = 15 \times 9 \times 5 \times 5 = 3375$$
$$5a^2b = 5 \times 9 \times 9 \times 5 = 2025$$

Total = 5940

**Valeur des termes négatifs.**

$$5a^3 = 5 \times 9 \times 9 \times 9 = 3645$$
$$24c^3 = 24 \times 3 \times 3 \times 3 = 648$$

Total = 4293

Valeur du polynôme $= 5940 - 4293 = 1647.$

## Exercices sur le calcul algébrique.

*Trouver la valeur numérique des expressions suivantes :*

**15.** $4a + 5b - 3c$, si $a = 4$, $b = 5$, $c = 7$.

**16.** $a^2 + 2ab + b^2$, si $a = 8$, $b = 3$.

**17.** $a^2 - 2ab + b^2$, si $a = 9$, $b = 2$.

**18.** $a^2b^2 - 4c^2$, si $a = 3$, $b = 4$, $c = 5$.

**19.** $4x^2y^2 - b^2$, si $x = 4$, $y = 3$, $b = 9$.

**20.** $a^3 + 3a^2b + 3ab^2 + b^3$, si $a = 9$, $b = 7$.

**21.** $a^3 - 3a^2b + 3ab^2 - b^3$, si $a = 7$, $b = 4$.

**22.** $4a^2b^2 - 3abc + 5ac^2 - 2b^2c$, si $a = 5$, $b = 3$, $c = 4$.

**23.** $5xy + 2x^2y - 3y^2 - 4x$, si $x = 3$, $y = 5$.

**24.** $20ab - 4a^2 + 7b^2 - 3ab^2 + 2ab^2$, si $a = 4$, $b = 3$.

**25.** $16abc - 12ac + 8ab - 5bc$, si $a = 1$, $b = 4$, $c = 3$.

**26.** $(a + b)(a - b) - (a^2 - b^2)$, si $a = 7$, $b = 2$.

**27.** $(a^2 - 2ab + b^2) - (a - b)^2$, si $a = 8$, $b = 3$.

**28.** $(a + b + c)(a - b - c)$, si $a = 9$, $b = 3$, $c = 2$.

**29.** $(2a + 3b - 4c)(2a - 3b + 4c)$, si $a = 5$, $b = 1$, $c = 2$.

**30.** $\frac{a}{4} - \frac{ab}{3} + \frac{b^2}{9}$, si $a = \frac{1}{3}$, $b = \frac{1}{2}$.

**31.** $\frac{5a^2b}{2} - \frac{4ab^2}{9} + \frac{3a^2b^2}{6}$, si $a = \frac{2}{3}$, $b = \frac{3}{5}$.

**32.** $\frac{7ab^2}{2} + \frac{4b^3}{5} - \frac{3a^2b}{4} - \frac{5a^3}{3}$ si $a = \frac{3}{2}$, $b = \frac{4}{3}$.

*Trouver la valeur des polynômes suivants :*

**33.** $x^4 - 2x^3 + x^2 - 2x + 9$, pour $x = 1, 2, 4, 7$.

**34.** $4x^3 - 16x^2 - 9x + 36$, pour $x = 0, 1, \frac{3}{2}, 2$.

**35.** $3x^5 + 2x^4 - 8x^3 - 2x^2 + x - 9$, pour $x = 1, \frac{1}{2}, 3, \frac{2}{3}$.

**36.** $5x^3 + 9x^2 - 8x + 27$, pour $x = \frac{1}{3}, \frac{2}{5}, \frac{3}{2}, 2$.

**37.** $2x^4 - x^3 + 5x^2 - 2x + 1$, pour $x = 0, \frac{1}{2}, 1, 3$.

# PREMIÈRE PARTIE

---

## CALCUL ALGÉBRIQUE

### § I. — ADDITION

**14. Règle.** — **Pour additionner plusieurs quantités algébriques, il suffit de les écrire les unes à la suite des autres, en conservant les signes de leurs termes; on fait ensuite, s'il y a lieu, la réduction des termes semblables.**

1° *Addition d'un monôme avec un autre monôme ou avec un polynôme.*

Soit à ajouter $3ab$ à $6ab^3$, on écrit :

$$6ab^3 + 3ab.$$

Pour ajouter $4a^3b$ à $7a^2b + c$, on écrirait :

$$7a^2b + c + 4a^3b.$$

2° *Addition d'un polynôme avec une autre quantité.*

Soit à ajouter $5a^2 - 3ab$ à $7ab - 2a^2$, on écrira :

$$7ab - 2a^2 + 5a^2 - 3ab.$$

La réduction opérée, on trouve :

$$4ab + 3a^2.$$

#### Exercices sur l'Addition.

*Additionner les quantités suivantes et opérer la réduction des termes semblables.*

**38.** $3b,\ 4a,\ 7b,\ 6a.$

**39.** $4ab,\ 3b,\ 4a,\ 2ab.$

40. $4c, \quad -b, \quad -3b, \quad b-c.$

41. $2ab^2+3ac, \quad 4ac-ab^2.$

42. $5b+3a-4c, \quad 2c-5b+2a.$

43. $2b+5c-3a, \quad -2a+b-4c.$

44. $4ab-5ac+4bc, \quad ac-3ab-2bc.$

45. $4a^2b-3ab^2, \quad 8ab^2+2a^2b.$

46. $5a^3b^2+3a^5-4a^4b, \quad 5a^4b+4a^3b^2-2a^5.$

47. $4a^2b+3ab^2-b^3, \quad 2b^3-4a^2b-4ab^2.$

48. $a^3b-ab^3, \quad a^2b^2-b^4, \quad a^4-a^2b^2.$

49. $3a^4b^3-4a^3b^4, \quad -5a^3b^4, \quad a^4b^3+2a^3b^4.$

50. $b^2+2bc+c^2, \quad b^2-2bc+b^2, \quad b^2-c^2.$

51. $6a^2+3b^2x^2-3abx, \quad -5b^2x^2+2abx, \quad -7a^2-5abx.$

52. $5a^4b^2-6a^5b^3+4a^3b^4, \quad -3a^4b^2-6a^3b^4, -12a^5b^3+7a^3b^4.$

53. $\frac{5ab}{4}, \quad \frac{2bc}{3}, \quad -\frac{3a^2}{5}, \quad \frac{5ab}{3}, \quad \frac{bc}{2}.$

54. $\frac{3a^3}{4}-\frac{2a^2b}{3}, \quad \frac{3a^3}{5}-a^2b, \quad \frac{ab^2}{4}.$

55. $\frac{c^2}{3}-\frac{b^2}{4}, \quad \frac{b^2}{2}-\frac{bc}{3}+\frac{c^2}{4}, \quad \frac{bc}{2}-\frac{c^2}{4}-\frac{b^2}{2}.$

## § II. — SOUSTRACTION

**16. Règle.** — **Pour faire la soustraction algébrique, on écrit les deux quantités l'une à la suite de l'autre, en changeant les signes de la quantité à soustraire.**

**On fait ensuite, s'il y a lieu, la réduction des termes semblables.**

Ainsi pour retrancher $15-2x$ de $7x-8$, on écrit :

$$(7x-8)-(15-2x)=7x-8-15+2x.$$

La réduction opérée, on trouve : $9x-23$.

## Exercices sur la soustraction.

| | | | | |
|---|---|---|---|---|
| 56. | De | $ac$ | retrancher | $bd$. |
| 57. | » | $b^2c$ | » | $bc^2$. |
| 58. | » | $a^2b$ | » | $-ac$. |
| 59. | » | $4a^3b$ | » | $3a^3b$. |
| 60. | » | $7ab^2$ | » | $-ab^2$. |
| 61. | » | $-8a^2c$ | » | $6a^2c$. |
| 62. | » | $-10bd^2$ | » | $-9bd^2$. |
| 63. | » | $a^2-b^2$ | » | $a-b^2$. |
| 64. | » | $b^2-a^2$ | » | $b^2-2ab-a^2$. |
| 65. | » | $4a^2b-5ab^2-b^3$ | » | $3a^2b+ab^2-b^3$. |
| 66. | » | $20a^4-10a^3b+6a^2b^2$ | » | $15a^4-3a^3b-6a^2b^2$. |
| 67. | » | $a^2+b^2+2ab$ | » | $2ab-a^2-b^2$. |
| 68. | » | $6a^5-8a^4b-3a^2b$ | » | $3a^4b-4a^2b-4a^5$. |
| 69. | » | $3a-1+12a^2+b$ | » | $3b-4+3a+8a^2$. |
| 70. | » | $3m^2-6mn+2n^2$ | » | $2m^2+4mn+4n^2$. |
| 71. | » | $a^4+3a^3b+3ab^2+b^3$ | » | $a^4-3a^3b+3ab^2-b^3$. |
| 72. | » | $\frac{2}{3}ab+\frac{4}{5}b$, | » | $\frac{1}{3}ab-\frac{6}{5}b$. |
| 73. | » | $\frac{1}{2}a^2b^2+3ab^5+7b$, | » | $\frac{1}{4}a^2b^2-3ab^5+7b$. |
| 74. | » | $\frac{1}{4}mn^2+\frac{1}{3}m^2n+\frac{1}{6}m^3$, | » | $\frac{1}{6}m^2n+\frac{1}{4}m^3-\frac{1}{3}mn^2$. |
| 75. | » | $\frac{2}{3}x^2y+\frac{1}{4}xy^2+\frac{2}{3}y^2$, | » | $\frac{1}{3}xy^2-\frac{3}{4}x^2y-\frac{5}{8}y^3$. |
| 76. | » | $\frac{3}{4}a^4b^3-\frac{1}{3}a^3b^2+6a^5b$, | » | $\frac{2}{3}a^3b^2+6a^5b-\frac{1}{4}a^4b^3$. |

## Mise en parenthèse de plusieurs termes d'une expression algébrique.

16. On peut toujours grouper dans une parenthèse plusieurs termes d'un polynôme ; si la parenthèse doit être précédée du signe +, les termes qu'elle renferme conservent leurs signes ;

si elle doit être précédée du signe —, les termes prennent des signes contraires.

Ainsi le polynôme $a - b + c + d + e + f - g$, peut s'écrire : $(a - b) + (c + d) - (- e - f + g)$, ou encore : $a - (b - c - d) + (e + f - g)$; car, en chassant les parenthèses, on retrouve le polynôme proposé. Ces groupements sont d'un fréquent usage.

**17. Élimination des parenthèses.** — Pour faire disparaître les parenthèses, on effectue les opérations indiquées.

1er Cas. **Parenthèse simple.** — Si la parenthèse est précédée du signe +, on écrit ses termes à la suite avec leurs signes respectifs.

Exemple :

$$(a + b) + (a - b) + (- c - d) = a + b + a - b - c - d,$$

et après réduction : $2a - c - d$.

Si la parenthèse est précédée du signe —, on change le signe de ses termes.

Exemple :

$$(m^2 + n^2) - (2m^2 + n^2) - (mn - n^2) - (- 2m^2 + mn) =$$
$$= m^2 + n^2 - 2m^2 - n^2 - mn + n^2 + 2m^2 - mn = m^2 + n^2 - 2mn$$

2e Cas. **Parenthèse double.** — On chasse d'abord les parenthèses à l'intérieur des crochets, puis on fait sur le résultat l'opération indiquée par le signe précédant la double parenthèse.

Exemple :

$$(2a^2 - 2b^2) - [a^2 - (2ab + 3b^2)] = (2a^2 - 2b^2) - (a^2 - 2ab - 3b^2)$$
$$= 2a^2 - 2b^2 - a^2 + 2ab + 3b^2 = a^2 + b^2 + 2ab.$$

**Chasser les parenthèses et réduire.**

**77.** $a^2 + b^2 - (a^2 - b^2 + 3\,ab) - (b^2 + a^2b)$.

**78.** $a^2 + b^2 + 2ab - (a^2 - 2ab + b^2) - (a^2 - b^2)$.

**79.** $2p - (p - a) + 2p - (p - b) + 2p - (p - c)$.

**80.** $12a - 15b - c - (15a - 6b - 10c) - (8a + 18\,b)$.

**81.** $a^4 - (a^3 + 3a^2b + ab^2 + b^3) - (a^3 + 4b^3)$.

**82.** $(3x^2 - 7ax) + 3a^2 - (9ax + 4x^2) - (a^2 + 2ax - x^2)$.

83. $2ac - (ab + d + 4ac) + (-2ab - 4d)$.

84. $(a^2 - 2ab + b^2) - (2ab - a^2 - b^2) + (2ab - 2a^2 - 2b^2)$.

85. $(x + y - z) - (x - y + z) + (-x + z) - (-x - y)$.

86. $(5a^2 - 3ax + x^2) - [4a^2 + 5ax - (3a^2 - 7ax + 5x^2)]$.

87. $[(a + b - n - p) - (c - d + q)] - [(a + p - q) - (b - m)]$.

## § III. — MULTIPLICATION

Dans la multiplication algébrique, nous considérons quatre cas.

1er Cas. — **Multiplication de deux puissances d'une même lettre.**

18. **Règle. — Pour multiplier l'une par l'autre deux puissances d'une même lettre, il faut écrire cette lettre avec la somme de ses exposants.**

Exemple :

$$a^3 \times a^4 = (a \times a \times a) \times (a \times a \times a \times a) = a^{3+4} = a^7.$$

### Exercices sur le 1er cas de la multiplication.

88. $a \times a$.
89. $a^3 \times a$.
90. $a^6 \times a^2$.
91. $b \times b^2$.
92. $b^5 \times b$.
93. $b^3 \times b^7$.

94. $a \times a \times a$.
95. $a \times a^2 \times a^5$.
96. $b^2 \times b \times b^4$.
97. $b \times b^3 \times b^5 \times b^2$.
98. $x^4 \times x^2 \times x \times x^6$.
99. $y^2 \times y^5 \times y \times y^8 \times y^4$.

2e Cas. — **Multiplication d'un monôme positif par un monôme positif.**

19. **Règle. — Pour faire le produit d'un monôme positif par un monôme positif, on multiplie les coefficients et l'on écrit les différentes lettres avec la somme de leurs exposants. Si une lettre ne se trouve que dans l'un des facteurs, on l'écrit avec son exposant.**

Ainsi $3a^2b \times 4a^3c = 12a^5bc$. et $5x^2y \times ay = 5ax^2y^2$.

### Exercices sur le 2e cas de la multiplication.

**100.** $ab \times ab$.

**101.** $ab^2 \times abc$.

**102.** $4a^2b \times 3ab^2c$.

**103.** $18a^3c^2 \times 2c^3$.

**104.** $25xy \times 2x^2y^2$.

**105.** $2ab \times 3abc \times 5a^2bc^2$.

**106.** $ac \times 3abc^2 \times 2bc$.

**107.** $a^2bc \times ab^2c^2 \times d$.

**108.** $5abc \times 8abd$.

**109.** $14abcx \times ab^2x$.

**110.** $\frac{2}{3} a^4b^2 \times abc$.

**111.** $\frac{3}{4} a^3b^5 \times ab^2$.

**112.** $\frac{5}{6} a^4b \times \frac{1}{2} ab^2$.

**113.** $\frac{3}{5} abc \times \frac{2}{3} a^2c$.

**114.** $\frac{3}{4} ab^2 \times \frac{4}{5} b^2c \times \frac{5}{3} ac$.

**115.** $\frac{3}{2} x^2 \times \frac{2}{3} ay^2 \times \frac{4}{5} x^2y^2$.

3e Cas. — **Multiplication d'un polynôme par un monôme positif.**

20. **Règle.** — **Pour faire le produit d'un polynôme par un monôme positif, il faut multiplier chaque terme du polynôme par le monôme et ajouter les résultats.**

### Exercices sur le 3e cas de la multiplication.

**116.** $(a^2 - b^2) \times ab$.

**117.** $(a^2 + c^2) \times ab^2$.

**118.** $(a^2 + b^2 - 2ab) \times abc$.

**119.** $(4a^2b + 3b^2 + 5c) \times 4abc^2$.

**120.** $(m^3 - 3m^2n + 3mn^2 - n^3) \times 5m^3n^3$.

**121.** $(a^2 - 2ac + b^2) \times 6ac$.

**122.** $(3a^2b - \frac{4}{5} a^2b^2) \times 10a^2b^2$.

**123.** $(2abc + \frac{2}{3} a^2c + \frac{1}{2} bc) \times \frac{2}{3} a^2$.

**124.** $\left(\frac{4}{5} a^2c - \frac{1}{3} bc + \frac{5}{4} abc\right) \times \frac{6}{7} a^2bc$.

**21. — 4° Cas. Multiplication d'un polynôme par un polynôme.**

Soit $a - b$ à multiplier par $c - d$.

Multiplions d'abord le polynôme $a - b$ par le monôme $c$.

On a $$ac - bc:$$

or ce n'était pas par $c$ qu'on devait multiplier $a - b$, mais par $c$ diminué de $d$; en répétant $c$ fois le polynôme $a - b$, on l'a donc répété $d$ fois de plus qu'il ne fallait ; pour avoir la valeur exacte du résultat, il faut répéter le multiplicande $d$ fois et retrancher ce produit de $ac - bc$.

$a - b$ répété $d$ fois donne $ab - bd$; retranchant ce produit de $ac - bc$, on trouve :

$$ac - bc - ad + bd.$$

Voici le tableau de l'opération :

$$\begin{array}{c} a - b \\ c - d \\ \hline ac - bc - ad + bd \end{array}$$

Ce résultat conduit aux remarques suivantes :

1° Le produit $+ ac$ provient de la multiplication de $+ a$ par $+ c$;
2° Le produit $- bc$ » » de $- b$ par $+ c$;
3° Le produit $- ad$ » » de $+ a$ par $- d$;
4° Le produit $+ bd$ » » de $- b$ par $- d$.

D'où résulte la règle suivante, appelée *règle des signes :*

| | | | | | | |
|---|---|---|---|---|---|---|
| + | multiplié par | + | donne | + | au produit. |
| − | » | + | » | − | » |
| + | » | − | » | − | » |
| − | » | − | » | + | » |

**22. Règle.— Le produit de deux termes de même signe est positif, et le produit de deux termes de signes contraires est négatif.**

23. — De ce qui précède, il résulte que **pour faire la multiplication d'un polynôme par un polynôme, on multiplie tous les termes du multiplicande par chacun des termes du multiplicateur, en observant la règle des signes.**

24. — Appliquons ces règles à l'exemple suivant :

Soit à multiplier $3a^3 - 4a^2b + 2ab^2 - b^3$ par $2a^2 + ab - 3b^2$

On dispose les calculs comme il suit :

| | |
|---|---|
| Multiplicande : | $3a^3 - 4a^2b + 2ab^2 - b^3$ |
| Multiplicateur : | $2a^2 + ab - 3b^2$ |
| 1er produit partiel : | $6a^5 - 8a^4b + 4a^3b^2 - 2a^2b^3$ |
| 2e produit partiel : | $+ 3a^4b - 4a^3b^2 + 2a^2b^3 - ab^4$ |
| 3e produit partiel : | $- 9a^3b^2 + 12a^2b^3 - 6ab^4 + 3b^5$ |
| Produit réduit : | $6a^5 - 5a^4b - 9a^3b^2 + 12a^2b^3 - 7ab^4 + 3b^5$. |

## Exercices sur la multiplication.

**125.** $(a + b + c) \times (a + b - c)$.

**126.** $(a - b - c) \times (a + b + c)$.

**127.** $(a - b + c) \times (a - b - c)$.

**128.** $(2ab - 3b^2) \times (2ab + 3b^2)$.

**129.** $(x + 8) \times (x + 10)$.

**130.** $(x - 5) \times (x - 7)$.

**131.** $(x^2 - 3x - 7) \times (x - 2)$.

**132.** $(2a^2b + 3ab^2 + b^3) \times (5a^2b - b^3)$.

**133.** $(4a^2 + 3ab - b^2) \times (2a - b)$.

**134.** $(a^3 + a^2b + ab^2 + b^3) \times (a - b)$.

**135.** $(a^3 - a^2b + ab^2 - b^3) \times (a + b)$.

**136.** $(a^2 - 2ab + 3b^2) \times (-3a^2 + ab + 5b^2)$.

**137.** $(1 + 2a + 3b + 4c) \times (1 + 2a - 3b - 4c)$.

**138.** $(b^2 + c^2 - a^2) \times (a^2 - b^2 - c^2)$.

**139.** $[(a + b) + (c - d)] \times [(a + b) - (c + d)]$.

**140.** $\left(\frac{2x}{3} - \frac{1}{2}\right) \times \left(x + \frac{4}{5}\right)$.

**141.** $\left(\frac{5}{2} a^2 + 3ax - \frac{7}{3} a^2\right) \times \left(2x^2 - ax - \frac{1}{2} a^2\right)$.

**142.** $\left(3xy - \frac{3}{5} x^2 + y^2\right) \times \left(2x^2 + \frac{2}{3} x^2y - x^3\right)$.

25. — Souvent on se borne à indiquer une multiplication algébrique sans l'effectuer immédiatement ; pour cela on renferme chacun des facteurs dans une parenthèse, et on les écrit l'un à la suite de l'autre, sans interposition de signe.

Ainsi, pour indiquer la multiplication de $a + b$ par $a - b$, écrira :

$$(a + b)(a - b).$$

26. **Formules remarquables.** — Il est quelques multiplications remarquables dont il importe de retenir le produit ; telles sont les suivantes :

$$\begin{array}{rrr} a + b & a - b & a + b \\ a + b & a - b & a - b \\ \hline a^2 + ab & a^2 - ab & a^2 + ab \\ + ab + b^2 & - ab + b^2 & - ab - b^2 \\ \hline a^2 + 2ab + b^2 & a^2 - 2ab + b^2 & a^2 - b^2. \end{array}$$

Ces résultats s'indiquent ordinairement comme il suit ;

$$(a + b)^2 = a^2 + b^2 + 2ab; \quad (1)$$
$$(a - b)^2 = a^2 + b^2 + 2ab; \quad (2)$$
$$(a + b)(a - b) = a^2 - b^2. \quad (3)$$

On les énonce ainsi :

27. — **Le carré de la somme de deux nombres égale le carré du premier, plus le carré du second, plus deux fois le produit du premier par le second.**

28. — **Le carré de la différence de deux nombres égale le carré du premier, plus le carré du second, moins deux fois le produit du premier par le second.**

29. — **Le produit de la somme de deux nombres par la différence de ces mêmes nombres égale le carré du premier moins le carré du second.**

30. **Remarque.** — En vertu des formules (1), (2) et (3) ci-dessus, on peut remplacer :

1° $a^2 + b^2 + 2ab$ par $(a + b)(a + b)$;

2° $x^2 + y^2 - 2xy$ par $(x - y)(x - y)$;

3° $m^2 - n^2$ par $(m + n)(m - n)$.

31. — Il est utile de remarquer qu'on peut remplacer

$$(a - b)^2 \text{ par } (b - a)^2,$$

car, dans les deux cas, les produits sont :

$$a^2 + b^2 - 2ab.$$

Ces transformations sont fréquemment employées dans le calcul algébrique.

**Effectuer les opérations suivantes :**

**143.** $(a + b)^2 - (a - b)^2$.
**144.** $(3a - 2b)^2 + (3a + 2b)^2$.
**145.** $(3a + 2b - 1)^2 - (3a - 2b + 1)^2$.
**146.** $(5a - 3b + 1)^2 - 25a^2 - (3b - 1)^2$.
**147.** $(x + y)^3 - (x - y)^3$.
**148.** $(a - b)(a + b)^2 - (a + b)(a - b)^2$.
**149.** $(a^2 + b^2)^2$.
**150.** $(a^2 + b^2)^3$.
**151.** $(2a - 3b)(2a + 3b)^2$.
**152.** $3(x - y)^2(x + y) - 3(x + y)^2(x - y)$.
**153.** $(a^3 + 2a^2 + 2a + 1)(a^2 + 2a + 1)$.
**154.** $(2ab + 3bc)^3$.
**155.** $(2ab - 3bc)^3$.
**156.** $(2a - b)\left[(4a + b)a + b(a + b)\right]x^2$.
**157.** $(9a - 5b)(a + 2b - 3) - (3a - 5b)(3a - b - 3)$.
**158.** $(9x^2y - 5x^4y^3 + 4y)(3x^4y^3 - 5x^3y^2 + 8x^2y)$.

## § IV. — DIVISION

**32. Règle des signes.** — **Le quotient de deux termes de même signe est positif ; le quotient de deux termes de signes contraires est négatif.**

Donc + divisé par + donne + au quotient,
$+$ » $-$ » $-$ »
$-$ » $+$ » $-$ »
$-$ » $-$ » $+$ »

**Dans** la division algébrique nous considérons quatre cas.

### 1er Cas. Division de deux puissances d'une même lettre.

33. **Règle.** — **Le quotient de deux puissances d'une même lettre est égal à cette lettre ayant, pour exposant, la différence obtenue en retranchant l'exposant du diviseur de celui du dividende.**

Soit à diviser $a^5$ par $a^3$,

$a^5 : a^3$ peut s'écrire $\frac{a^5}{a^3}$ ou bien $\frac{a.a.a.a.a}{a.a.a}$.

En divisant les deux termes de cette fraction par $a.a.a$, il vient $a^2$ ou $a^{5-3}$.

### Exercices sur le premier cas de la division.

**159.** $a^4 : a^2$.

**160.** $a^6 : a^2$.

**161.** $b^{12} : b^3$.

**162.** $x^8 : x$.

**163.** $b^7 : b^2$.

**164.** $x^8 : x^3$.

**165.** $c^9 : c^9$.

**166.** $a^m : a^n$.

### 2e Cas. Division d'un monôme par un monôme.

34. **Règle.** — Pour obtenir le quotient de deux monômes :

**1° On applique la règle des signes;**

**2° On divise le coefficient du dividende par celui du diviseur;**

**3° On écrit chaque lettre du dividende en lui donnant pour exposant la différence obtenue en retranchant l'exposant du diviseur de celui du dividende.**

Une lettre qui ne se trouve qu'au dividende se reproduit au quotient avec son exposant, et une lettre qui a le même exposant dans les deux termes ne paraît pas au quotient.

$$18a^3bc^4d : 6abc^2 = \frac{18}{6} \cdot \frac{a^3}{a} \cdot \frac{b}{b} \cdot \frac{c^4}{c^2} \cdot d = 3a^2c^2d.$$

35. **Remarque.** — D'après ce qui précède, la division de deux monômes est impossible : 1° si une lettre du dividende a un exposant plus petit que celui de la même lettre dans le diviseur; 2° si le diviseur contient une lettre qui ne se trouve pas dans le dividende.

Dans tous ces cas, on indique cependant la division en mettant les deux monômes sous la forme d'une fraction que l'on simplifie s'il y a lieu.

$$\frac{15a^3b^2c^5}{20a^2b^3c^4d} = \frac{3.5.a^2.a.b^2.c^4.c}{4.5.a^2.b^2.b.c^4.d} = \frac{3ac}{4bd}.$$

### Exercices sur le 2e cas de la division.

**167.** $8a^3b : 4ab.$

**168.** $10a^2b^3c : 5ab^3.$

**169.** $5a^4b^3c^2d : -ab^2.$

**170.** $-12a^2c^4x^2 : 2ac^3.$

**171.** $12a^2b^3c^4 : 12abc^4.$

**172.** $14x^4y^2z^6 : 7xyz^2.$

**173.** $16a^3b^2 : -8ab^2.$

**174.** $-6ab^3c^4 : 3abc.$

3e Cas. — **Division d'un polynôme par un monôme.**

**36. Règle. — Le quotient d'un polynôme par un monôme, s'obtient en divisant chaque terme du dividende par ce monôme et observant la règle des signes.**

37. **Remarque.** — La division d'un polynôme par un monôme est rarement possible; on se contente alors de l'indiquer en mettant le dividende et le diviseur sous la forme d'une fraction.

### Exercices sur le 3e cas de la division.

**175.** $(6a^4 - 8a^3 + 4a^2) : 2a^2.$

**176.** $(4a^4b - 6a^3b^2 - 8ab^3 + 2ab^4) : 2ab.$

**177.** $(8a^3 - 12a^5 + 16a^4 + 20a^6) : 4a^3.$

**178.** $(9a^5b - 12a^4b^2 + 3a^3b^3 - 6a^2b^4) : 3a^2b.$

**178.** $(8a^4b^2 - 6a^3b^3 + 4a^2b^4 - 2a^2b^2) : -2a^2b^2.$

**180.** $\left(\frac{1}{2}a^2b^3 - \frac{3}{4}a^4b^5 - \frac{2}{3}a^5b^2\right) : \frac{3}{4}ab^2.$

**181.** $\left(\frac{3}{5}ab^5 - \frac{3}{5}a^2b - \frac{3}{5}ab\right) : \frac{3}{5}ab.$

**182.** $\left(\frac{7}{9}a^4b^2 + 0,8a^3b - 8a^2b^3 + \frac{3}{4}a^2b\right) : -\frac{4}{5}a^2b.$

### 4e Cas. — Division d'un polynôme par un autre polynôme.

38. Les polynômes étant ordonnés par rapport aux puissances *décroissantes* d'une même lettre, ce qui peut toujours se faire, on remarquera que le premier terme du dividende *est le produit sans réduction* du premier terme du diviseur par le premier terme du quotient ; on aura donc le premier terme du quotient en divisant le premier terme du dividende par le premier terme du diviseur. On multipliera le diviseur par ce premier terme du quotient et l'on retranchera le produit du dividende ; on obtiendra ainsi *un reste ordonné* dont le premier terme sera le *produit sans réduction* du premier terme du diviseur par le deuxième terme du quotient; on aura ce deuxième terme en divisant le premier terme du reste par le premier terme du diviseur. On multipliera ensuite le diviseur par ce deuxième terme, et l'on retranchera le produit du premier reste. Et ainsi de suite.

39. Soit à diviser $15a^4 - 19a^3b + 11a^2b^2 - 3ab^3$ par $5a^2 - 3ab$.

| | | |
|---|---|---|
| Dividende : | $15a^4 - 19a^3b + 11a^2b^2 - 3ab^3$ | $5a^2 - 3ab$ : |
| | $-15a^4 + 9a^3b$ | $3a^2 - 2ab + b^2$ |
| 1er reste : | $0 \quad -10a^3b + 11a^2b^2 - 3ab^3$ | |
| | $+10a^3b - 6a^2b^2$ | |
| 2e reste : | $0 \quad +5a^2b^2 - 3ab^3$ | |
| | $-5a^2b^2 + 3ab^3$ | |
| 3e reste : | $0$ | |

Le dividende et le diviseur étant ordonnés par rapport aux puissances décroissantes de $a$, on opère comme il suit :

$+15a^4$ divisé par $+5a^2$ donne $+3a^2$, que l'on écrit au quotient.

$+5a^2$ multiplié par $+3a^2$ donne $+15a^4$, et, à cause de la soustraction, $-15a^4$, que l'on écrit au-dessous de $15a^4$.

$-3ab$ multiplié par $+3a^2$ donne $-9a^3b$, et, à cause de la soustraction, $+9a^3b$, que l'on écrit à la suite de $-15a^4$.

La réduction des termes semblables effectuée, il reste :

$$-10a^3b + 11a^2b^2 - 3ab^3.$$

On dit ensuite : $-10a^3b$ divisé par $+5a^2$ donne $-2ab$ pour quotient.

$+5a^2$ multiplié par $-2ab$ donne $-10a^3b$, et, à cause de la soustraction, $+10a^3b$, que l'on écrit au-dessous de $-10a^3b$.

$-3ab$ multiplié par $-2ab$ donne $+6a^2b^2$, et, à cause de la soustraction, $-6a^2b^2$, que l'on écrit à la suite de $+10a^3b$.

La réduction des termes semblables opérée, il reste :

$$+5a^2b^2-3ab^3.$$

Enfin, l'on dit : $+5a^2b^2$ divisé par $+5a^2$ donne $+b^2$ pour quotient.

$+5a^2$ multiplié par $+b^2$ donne $+5a^2b^2$, et, à cause de la soustraction, $-5a^2b^2$, que l'on décrit au-dessous de $+5a^2b^2$.

$-3ab$ multiplié par $+b^2$ donne $-3ab^3$, et, à cause de la soustraction, $+3ab^3$, que l'on écrit à côté de $-5a^2b^2$.

La réduction des termes semblables effectuée, on trouve un reste nul, d'où l'on conclut que $3a^2-2ab+b^2$ est le quotient de $15a^4-19a^3b+11a^2b^2-3ab^3$ par $5a^2-3ab$.

40. On reconnaît que la division d'un polynôme par un autre polynôme est impossible :

1° Lorsque les deux polynômes étant ordonnés par rapport aux puissances décroissantes d'une même lettre, le premier terme du dividende n'est pas divisible par le premier terme du diviseur ;

2° Lorsque le dernier terme du dividende n'est pas divisible par le dernier terme du diviseur ;

3° Lorsque dans le cours de l'opération on arrive à un reste dans lequel l'exposant de la lettre ordonnatrice est d'un degré inférieur à celui de la même lettre dans le diviseur ; car alors le premier terme du reste ne sera pas divisible par le premier terme du diviseur.

41. **Remarque.** — Lorsqu'on ne veut point effectuer une division, soit parce que la division est impossible, soit parce qu'on n'a pas besoin de connaître le quotient, on indique l'opération en mettant le dividende et le diviseur sous la forme d'une fraction.

**42. — Divisions remarquables.**

$$\begin{array}{l|l} a^4 - b^4 & a - b \\ \hline -a^4 + a^3b & a^3 + a^2b + ab^2 + b^3 \\ \hline 0 + a^3b - b^4 & \\ \quad - a^3b + a^2b^2 & \\ \hline \quad 0 + a^2b^2 - b^4 & \\ \qquad - a^2b^2 + ab^3 & \\ \hline \qquad 0 + ab^3 - b^4 & \\ \qquad\quad - ab^3 + b^4 & \\ \hline \qquad\qquad 0 & \end{array} \qquad \begin{array}{l|l} x^4 - 1 & x + 1 \\ \hline -x^4 - x^3 & x^3 - x^2 + x - 1 \\ \hline 0 - x^3 - 1 & \\ \quad + x^3 + x^2 & \\ \hline \quad 0 + x^2 - 1 & \\ \qquad - x^2 - x & \\ \hline \qquad 0 - x - 1 & \\ \qquad\quad + x + 1 & \\ \hline \qquad\qquad 0 & \end{array}$$

## Exercices sur la division.

**183.** $(a^2 + 2ab + b^2) : (a + b)$.

**184.** $(a^2 - 2ab + b^2) : (a - b)$.

**185.** $(x^3 - 3x^2 + 3x - 1) : (x - 1)$.

**186.** $(a^4 - a^3 + a^2 - a) : (a - 1)$.

**187.** $(x^4 - 1) : (x - 1)$.

**188.** $(a^4 - b^4) : (a + b)$.

**189.** $(6a^5 - 5a^4b + a^3b^2) : (2a^2 - ab)$.

**190.** $(8a^3 + 12a^2 + 6a + 1) : (2a + 1)$.

**191.** $(6b^4 - 3b^3c - 4b^2c^2 + 2bc^3 - c^4) : (b - c)$.

**192.** $(3x^3 - 18x^2 + 36x - 24) : (x - 2)$.

**193.** $(4a^3 + 16a^2 - 19a + 5) : (a - 0{,}5)$.

**194.** $(a^2 + 2ab + b^2 - c^2) : (a + b - c)$.

**195.** $(4c^2 - 4bc + b^2 - 4a^2) : (2c - b - 2a)$.

**196.** $(6a^5 + 5a^4 - 25a^3 + 31a^2 - 13a + 2) : (2a^2 - 3a + 2)$.

**197.** $(6a^5 - 5a^4b - 9a^3b^2 + 12a^2b^3 - 7ab^4 + 3b^5) : (2a^2 + ab - 3b^2)$.

**198.** $(4a^4 + b^2 + 4a^2b + 9c^2 - 6bc - 12a^2c) : (2a^2 + b - 3c)$.

**43. Mise en facteur commun.** — Quand plusieurs termes renferment un même facteur, il est souvent utile de mettre ce facteur en évidence, c'est-à-dire de le placer en ***facteur commun***.

**44. Règle.** — Pour mettre un facteur en évidence, il faut diviser par ce facteur tous les termes qui le contiennent, placer le quotient dans une parenthèse et indiquer la multiplication de cette parenthèse par le facteur commun.

EXEMPLES : $ax - bx + cx$ peut s'écrire : $x(a - b + c)$.

$\mathrm{RS} - \mathrm{S}$ » $\mathrm{S}(\mathrm{R} - 1)$.

$\frac{a}{2}\sqrt{5} - \frac{a}{2}$ » $\frac{a}{2}(\sqrt{5} - 1)$.

L'expression algébrique est ainsi mise sous forme de produit ; on dit encore qu'elle est décomposée en facteurs.

### Mettre en évidence les facteurs communs aux termes des polynômes suivants.

**199.** $b^2x + ax$.

**200.** $4a^2b + 2a^2c$.

**201.** $15a^2b - 5ab^2$.

**202.** $3a^3b + 6ab$.

**203.** $\frac{2}{3}ab^2 - \frac{1}{2}a^2b$.

**204.** $\frac{3}{4}ax^3 - \frac{3}{2}a^2x^2$.

**205.** $4a^3b^2 - 6a^2b^4 + 2ab^5$.

**206.** $2a^3b^2c^4d - 3ab^4c^5 + 7a^2b^2c^4d^2$.

**207.** $6a^2x^2 - 3ax^4 + 21a^2x^5$.

**208.** $\frac{5}{6}a^3x^4 + \frac{2}{3}a^2x^3 - \frac{1}{3}ax^2$

### [1] Décomposer en deux facteurs les expressions suivantes.

**209.** $b^2 - a^2$.

**210.** $a^2 + b^2 + 2ab$.

**211.** $4x^2 - 9y^2$.

**212.** $b^2 - 2bc + c^2$.

**213.** $a^2 - 4x^2$.

**214.** $a^2y^2 - b^2x^2$.

**215.** $a^2 + 4ab + 4b^2$.

**216.** $\frac{x^2}{4} - \frac{a^2}{b^2}$.

**217.** $b^2 - bc + \frac{c^2}{4}$.

**218.** $\frac{x^2}{a^2} - \frac{y^2}{b^2}$.

**219.** $9x^2 - 3xy + \frac{y^2}{4}$.

**220.** $\frac{a^2}{9} + 2ab + 9b^2$.

---

[1] Ces exercices sont basés sur la connaissance des produits remarquables (nos 26 à 31).

## § V. — FRACTIONS

45. — **Une fraction algébrique représente le quotient de son numérateur par son dénominateur.**

Ainsi les fractions $\frac{a}{b}$ et $\frac{m-n}{3a}$ représentent, la première le quotient de $a$ par $b$, la seconde le quotient de $m-n$ par $3a$.

Les propriétés des fractions arithmétiques conviennent aussi aux fractions algébriques ; ainsi :

46. — **On peut multiplier ou diviser les deux termes d'une fraction par une même quantité sans que cette fraction change de valeur.**

C'est sur ce principe que reposent la simplification des fractions et leur réduction au même dénominateur.

### Simplification d'une expression fractionnaire.

47. **Règle.** — **Pour simplifier une expression fractionnaire, on divise ses deux termes par leur facteur commun.**

Ainsi, l'on simplifiera l'expression

$$\frac{15\,a^4b^2c^3}{10\,a^3bc^4}$$

en supprimant le facteur $5a^3bc^3$ commun au numérateur et au dénominateur, et l'on aura :

$$\frac{15a^4b^2c^3 : 5a^3bc^3}{10a^3bc^4 : 5a^3bc^3} = \frac{3ab}{2c}$$

De même dans l'expression

$$\frac{4a^3b^2 - 8a^4b}{6a^2b^3}$$

on supprime le facteur $2a^2b$ commun à ses termes, et l'on trouve :

$$\frac{2ab - 4a^2}{3b^2} \text{ ou } \frac{2a(b-2a)}{3b^2}.$$

Enfin l'expression : $\dfrac{4a^2b^3 - 8a^3b^3}{12a^2b^4 + 4a^4b^4}$

peut s'écrire : $\dfrac{4a^2b^3(1-2a)}{4a^2b^3(3b+a^2b)}$ ou $\dfrac{1-2a}{3b+a^2b}$.

**Simplifier les expressions suivantes :**

**221.** $\dfrac{28\,a^2bc}{7abcd}$.

**222.** $\dfrac{8acx^2}{4a^2c^2x}$.

**223.** $\dfrac{21a^4b^2x^3y}{28a^2b^5y^2}$.

**224.** $\dfrac{b+b^2}{a+ab}$.

**225.** $\dfrac{ax^2-a^3}{bx^2-a^2b}$.

**226.** $\dfrac{3a^2b^2-ab^3}{2a^2b^2+4a^3b}$.

**227.** $\dfrac{a^2b^2-b^2}{a^2-1}$.

**228.** $\dfrac{(a+b)^2-(a-b)^2}{a^2b-ab^2}$.

**229.** $\dfrac{(x+y)^2-4xy}{2x-2y}$.

**230.** $\dfrac{6+ab-2a-3b}{ab-2a}$.

**Réduction des fractions au même dénominateur.**

48. **Règle. — Pour réduire plusieurs fractions au même dénominateur, il suffit de multiplier les deux termes de chacune par le produit des dénominateurs de toutes les autres.**

Ainsi les fractions $\dfrac{a}{b}$, $\dfrac{c}{d}$, $\dfrac{m}{n}$

deviennent : $\dfrac{adn}{bdn}$, $\dfrac{cbn}{bdn}$, $\dfrac{mbd}{bdn}$.

On peut aussi, comme en arithmétique, prendre pour dénominateur commun le plus petit commun multiple des dénominateurs,

et les fractions : $\dfrac{a}{a+b}$, $\dfrac{b}{5(a-b)}$, $\dfrac{c^2}{a^2-b^2}$,

deviennent : $\dfrac{5a(a-b)}{5(a^2-b^2)}$, $\dfrac{b(a+b)}{5(a^2-b^2)}$, $\dfrac{5c^2}{5(a^2-b^2)}$.

**Réduire au même dénominateur les expressions suivantes :**

**231.** $\frac{3a}{b}$, $\frac{5a}{c}$, $\frac{2c}{d}$.

**232.** $\frac{a}{3b}$, $\frac{b}{4c}$, $\frac{m}{6n}$.

**233.** $\frac{3a}{x^2}$, $\frac{4b}{y^2}$, $\frac{5a^2b}{x^2y}$.

**234.** $\frac{5a}{8bx}$, $\frac{3b}{3ax}$, $\frac{b+a}{6ab}$.

**235.** $\frac{a^2}{a+b}$, $\frac{ab}{a-b}$, $\frac{3a^2-2ab}{a^2-b^2}$.

**236.** $\frac{a}{a+c}$, $\frac{4bc}{2a-2c}$, $\frac{b-c}{a^2-c^2}$.

**237.** $\frac{a^2+b^2}{ab}$, $\frac{a^2}{a-b}$, $\frac{b^2}{a+b}$, $\frac{ab}{a^2-b^2}$.

**238.** $\frac{a+1}{a-1}$, $\frac{a-1}{a+1}$, $\frac{a^2+1}{a^2-1}$, $\frac{a^2-1}{a^2+1}$.

## Addition et soustraction des fractions.

49. **Règle.** — **Pour additionner ou pour soustraire plusieurs fractions, il faut les réduire au même dénominateur, puis ajouter ou retrancher les numérateurs et donner pour dénominateur au résultat le dénominateur commun.**

1° Soit à additionner $\frac{x}{y}$, $\frac{2x^2-y^2}{xy}$, $\frac{5xy^2-3x^3}{x^2y}$,
leur dénominateur commun étant $x^2y$, ces fractions deviennent :

$$\frac{x^3}{x^2y},\quad \frac{2x^3-xy^2}{x^2y},\quad \frac{5xy^2-3x^3}{x^2y},$$

dont la somme égale :

$$\frac{x^3+2x^3-xy^2+5xy^2-3x^3}{x^2y},$$

et après réduction : $\frac{4xy^2}{x^2y}$ ou $\frac{4y}{x}$.

2° Soit à soustraire $\dfrac{2a-b}{a+b}$ de $\dfrac{3a+2b}{a-b}$, réduites au même dénominateur, ces fractions deviennent :

$$\frac{3a^2+5ab+2b^2}{a^2-b^2}, \quad \frac{2a^2-3ab+b^2}{a^2-b^2},$$

leur différence est : $\dfrac{3a^2+5ab+2b^2-2a^2+3ab-b^2}{a^2-b^2}$,

ou en simplifiant : $\dfrac{a^2+8ab+b^2}{a^2-b^2}$.

### Exercices sur l'addition et la soustraction des fractions.

**239.** $\left(\dfrac{b}{m}+\dfrac{c}{n}\right)+\left(\dfrac{a}{n}-\dfrac{c}{m}\right)$.

**240.** $\left(\dfrac{a}{c}-\dfrac{b}{c}\right)+\left(\dfrac{4a}{b}-\dfrac{a+b}{b}\right)$.

**241.** $\left(\dfrac{m}{ab}-\dfrac{n}{bc}\right)+\left(\dfrac{n}{ac}-\dfrac{m}{bc}\right)$.

**242.** $n+\dfrac{1}{1+n}-\dfrac{1+n^2}{1-n}$.

**243.** $\dfrac{a-1}{a+1}+\dfrac{a+1}{a-1}-\dfrac{a^2+1}{a^2-1}$.

**244.** $\dfrac{b+1}{b-a}+\dfrac{5a+3b}{a^2-b^2}-\dfrac{b-1}{a+b}+\dfrac{3}{b-a}$.

**245.** $\left(\dfrac{13a}{4b}+\dfrac{5a}{3a}\right)-\left(\dfrac{7a}{2b}-\dfrac{2b}{5a}+\dfrac{2a}{3}\right)$.

**246.** $\left(\dfrac{ax}{x+1}-\dfrac{a}{x-1}\right)-\left(\dfrac{a}{x+1}+\dfrac{ax}{x-1}\right)$.

**247.** $\left(\dfrac{2ax+x^2}{a-x}\right)-\left(\dfrac{a^2+5ax}{a+x}-\dfrac{b}{ax}\right)$.

**248.** $\dfrac{x}{x+y}-\dfrac{y}{x-y}+\dfrac{x^2+y^2}{x^2-y^2}$.

**249.** $\dfrac{3a^2+2x^2}{a+x}-\dfrac{5a-x}{a-x}+\dfrac{a}{2x}$.

**250.** $\dfrac{2x^2-2x+1}{x^2-x}-\dfrac{x}{x-1}+\dfrac{1}{x+1}$.

## Multiplication des fractions.

50. **Règle.** — **Pour multiplier deux fractions l'une par l'autre, on fait le produit des numérateurs que l'on divise par le produit des dénominateurs.**

Soit à multiplier $\dfrac{4x^2y}{3ab^3}$ par $\dfrac{5a^2b^2}{4xy^2}$,

leur produit égale : $\dfrac{20x^2ya^2b^2}{12ab^3xy^2}$,

ou après simplification : $\dfrac{5ax}{3by}$.

### Exercices sur la muliplication des fractions.

251. $\dfrac{b}{m}\times 3m$.

252. $\dfrac{a}{2x}\times\dfrac{2b}{a}$.

253. $\dfrac{2a}{3b}\times\dfrac{3bc}{4a}$.

254. $\dfrac{3x^2y}{4ab^2}\times\dfrac{2abx}{9y^2}$.

255. $\dfrac{2x}{x-y}\times\dfrac{x^2-y^2}{8}$.

256. $\dfrac{1+4x}{1-4x}\times\dfrac{(1-4x)^2}{(1+4x)^2}$.

257. $\left(\dfrac{x}{a}-\dfrac{a}{x}\right)\times\left(x+\dfrac{b^2}{x}\right)$.

258. $\dfrac{m+n}{3b}\times\dfrac{m-n}{2(m+n)}$.

259. $\dfrac{a^2x^2}{y^2}\times\dfrac{xy}{a(x+y)}\times\dfrac{x^2-y^2}{axy}$.

260. $\left(x+\dfrac{y^2}{x}\right)\times\left(\dfrac{x}{y}-\dfrac{y}{x}\right)$.

261. $\left(\dfrac{1+x}{1-x}-\dfrac{1-x}{1+x}\right)\times\left(\dfrac{3}{4x}+\dfrac{x}{4}-x\right)$.

262. $\dfrac{ax+x^2}{2b-cx}\times\dfrac{2bx-cx^2}{(a+x)^2}$.

## Division des fractions.

51. **Règle.** — **Pour diviser deux fractions l'une par l'autre, on multiplie la fraction dividende par la fraction diviseur renversée.**

Soit à diviser $\dfrac{2a + 2b}{5a}$ par $\dfrac{a^2 - b^2}{3b}$,

leur quotient égale : $\dfrac{(2a + 2b) \cdot 3b}{5a(a^2 - b^2)}$,

ou après simplification : $\dfrac{6b}{5a(a - b)}$.

### Exercices sur la division des fractions.

263. $\dfrac{3a}{b} : \dfrac{a}{2}$.

264. $\dfrac{x}{y} : \dfrac{y}{x}$.

265. $4ab : \dfrac{b}{a}$.

266. $\dfrac{m}{m + n} : \dfrac{m}{n}$.

267. $\dfrac{x + y}{x - y} : \dfrac{1}{x - y}$.

268. $\dfrac{6a^2b}{10x^2y} : \dfrac{4a^3b^2}{15x^3y^2}$.

269. $\dfrac{8 - 2a^4}{3ab} : (2 + a^2)$.

270. $\left(1 + \dfrac{a^2}{x^2}\right) : \left(\dfrac{1}{x^2} + \dfrac{a}{x}\right)$.

271. $\left(1 + \dfrac{x - a}{x + a}\right) : \left(\dfrac{x + a}{x - a} - 1\right)$.

272. $4m^2p^3 : \dfrac{2m^3x}{p^2 - px}$.

273. $\left(\dfrac{1}{a^2} - \dfrac{1}{b^2}\right) : \left(\dfrac{1}{a} + \dfrac{1}{b}\right)$.

274. $\dfrac{4b^2}{a^2 - b^2} : \dfrac{4a^2}{a^2 + b^2 + 2ab}$.

# DEUXIÈME PARTIE

## ÉQUATIONS DU PREMIER DEGRÉ

### § I. — DÉFINITIONS

**52. Égalité, identité.** — Une **égalité** est l'expression de deux quantités qui ont même valeur.

EXEMPLE : $$8 = 5 + 3.$$

53. — Une **identité** est une égalité indépendante de la valeur qu'on donne aux lettres.

Ainsi $$m + n = m + n,$$
et $$a^2 - b^2 = (a + b)(a - b)$$

sont des identités, parce que, dans les deux exemples, l'égalité subsiste, quelque valeur qu'on donne aux lettres $m$, $n$, $a$, $b$.

**54. Équation.** — Une **équation** est une égalité qui n'est vérifiée que par certaines valeurs particulières, attribuées à des lettres appelées ***inconnues***.

Les égalités $$3x + 12 = 5x - 8,$$
$$y^2 + 5 = 35 + y,$$

dans lesquelles $x$ et $y$ représentent des quantités inconnues, sont des équations ; la première n'est vérifiée que par une seule valeur, $x = 10$ ; la seconde l'est par deux valeurs, $y = 6$ et $y = -5$.

55. — Une équation est ***littérale*** lorsque les quantités connues sont représentées par des lettres ; elle est ***numérique***

lorsque ces mêmes quantités sont représentées par des nombres.

Des deux équations $5x + 8 = 7x$,

$$ax - ab = bx,$$

la première est numérique, la seconde est littérale.

56. — Une équation est à *une, deux, trois*, etc., inconnues suivant qu'elle renferme *une, deux, trois*, etc., lettres représentant chacune une quantité inconnue.

57. — Le *degré* d'une équation est donné par la plus forte somme des exposants des inconnues dans un même terme.

Les équations $x + y = 15$,

$$a^2 - bx = x^2 - ab,$$

sont, l'une du 1er degré, à deux inconnues ; l'autre, du 2e degré, à une inconnue.

58. — *Résoudre une équation*, c'est trouver, pour les inconnues, des valeurs qui rendent ses deux membres identiques ; ces valeurs sont les *racines* ou les *solutions* de l'équation.

Des équations sont *équivalentes* lorsqu'elles admettent les mêmes solutions.

Exemple : $3x = 12$, $2x = 8$ sont équivalentes, car leurs solutions sont identiques : $x = 4$.

59. — Par *système d'équations* on entend un ensemble d'équations qui sont vérifiées par les mêmes valeurs de leurs inconnues.

Ces équations qui entrent dans un même système sont dites *simultanées*.

Exemple : $x + 2y = 5$, $2x + y = 7$ sont des équations simultanées, car elles sont toutes deux vérifiées pour $x = 3$ et $y = 1$.

## Principes généraux sur les équations.

60. — Il est évident que si l'on fait la même opération sur deux quantités égales, les résultats obtenus sont encore égaux. Appliquant cet axiome à la résolution d'une équation, nous pouvons formuler les deux principes suivants :

61. **1er Principe.** — **On peut, sans changer les solutions d'une équation, augmenter ou diminuer ses deux membres d'une même quantité.**

62. **2e Principe.** — **On peut, sans changer les solutions d'une équation, multiplier ou diviser ses deux membres par une quantité finie ne renfermant aucune inconnue.**

63. — Il résulte du premier principe que, **pour faire passer un terme quelconque d'un membre d'une équation dans un autre, il suffit de le supprimer dans le membre où il se trouve et de l'écrire dans l'autre avec un signe contraire.**

Soit l'équation $5x - 4 = x + 12.$

Pour faire passer le terme $-4$ du premier membre dans le second, ajoutons **4** aux deux membres, ce qui donne :

$$5x - 4 + 4 = x + 12 + 4,$$

ou

$$5x = x + 16.$$

64. — On fait souvent passer tous les termes d'une équation dans le premier membre ; le second est alors zéro.

L'équation ci-dessus peut donc s'écrire :

$$5x - x - 16 = 0.$$

65. — Il résulte du second principe que, **pour faire disparaître les dénominateurs d'une équation, il suffit de multiplier ses deux membres par le produit de tous les dénominateurs ou par leur plus petit commun multiple.**

Ainsi l'équation $\frac{3x}{2} - 7 = \frac{4x}{5}$

devient : $\frac{3x \times 5 \times 2}{2} - (7 \times 5 \times 2) = \frac{4x \times 5 \times 2}{5},$

quand on multiplie ses deux nombres par $5 \times 2$, produit des dénominateurs. Les calculs effectués, on trouve :

$$15x - 70 = 8x,$$

équation équivalente à la première et qui n'a plus de dénominateurs.

66. — On peut changer en signes contraires les signes de tous les termes d'une équation ; car **cela revient à multiplier par — 1 les deux membres de cette équation.**

L'équation $3x - 4 = 60 - 5x$

peut donc s'écrire : $-3x + 4 = -60 + 5x.$

## § II. — RÉSOLUTION D'UNE ÉQUATION DU 1er DEGRÉ A UNE INCONNUE

**67.** — **Proposons-nous de résoudre l'équation**

$$\frac{3(x-8)}{2} = \frac{x}{5} + 1.$$

Faisons d'abord disparaître les dénominateurs ; pour cela, multiplions tous les termes par 10, produit de 2 par 5.

L'équation devient :

$$\frac{30(x-8)}{2} = \frac{10x}{5} + 10,$$

ou $$15(x-8) = 2x + 10.$$

Chassons la parenthèse en multipliant $x - 8$ par 15 :

$$15x - 120 = 2x + 10.$$

Faisons passer les termes inconnus dans le premier membre et les termes connus dans le second ;

il vient : $$15x - 2x = 10 + 120.$$

Réduisons les termes semblables :

$$13x = 130;$$

d'où $$x = \frac{130}{13} = 10.$$

La solution cherchée est 10, et cette valeur mise à la place de $x$ rend les deux membres de l'équation proposée égaux chacun à 3.

**68.** — D'après cet exemple, on voit que, pour résoudre une équation du 1er degré à une inconnue, il faut :

**1° Faire disparaître les dénominateurs et les parenthèses, s'il y en a; 2° faire passer dans un des membres tous les termes renfermant l'inconnue, et dans l'autre tous les termes connus; 3° réduire les termes semblables; 4° diviser les deux membres par le coefficient de l'inconnue.**

## Exercices sur les équations du 1er degré à une inconnue.

**275.** $x - 8 = 4$.

**276.** $x + 10 = 15$.

**277.** $x - 4 = -3$.

**278.** $x + 9 = 6$.

**279.** $9x + 8 = 7x + 16$.

**280.** $9x - 11 = 8x - 2$.

**281.** $7x + 9 = 57 - x$.

**282.** $17x - 1 = 3 + 15x$.

**283.** $x + 17 = 3x + 1$.

**284.** $11x - 100 = 2x - 1$.

**285.** $9 + 9x = 117 - 3x$.

**286.** $7x + 1 = 9x - 29$.

**287.** $25 - 2x = 3x - 35$.

**288.** $4x + 7 = 1 + 12x$.

**289.** $7x - 3 = 21x - 9$.

**290.** $6x + 25 = 31 + 2x$.

**291.** $1 + 80x = 8x + 46$.

**292.** $36x - 5 = 2 - 6x$.

**293.** $5x - 11 = 15x - 33$.

**294.** $16x - 2 = 24x - 13$.

**295.** $7x + 6 = 15 - 13x$.

**296.** $30 - 9x = -7x + 21$.

**297.** $15x - 60 = -12x - 54$.

**298.** $3(x - 1) = x + 11$.

**299.** $3x + 7 = 2(8 + x)$.

**300.** $2(9x - 49) = 15x + 46$.

**301.** $5(1 + 4x) = 7 + 12x$.

**302.** $5x - 2 = 2(5 + 2x)$.

**303.** $5x = 8(5x - 3) - 4$.

**304.** $7(7x - 24) - 16 = 3x$.

**305.** $2(x - 6) = 3x - 19$.

**306.** $2(9x - 11) + 2 = 3x$.

**307.** $5 + 5(x - 13) = x$.

**308.** $2(9x + 5) - 12 = 9x$.

**309.** $x - 2 = 3(2x - 19)$.

**310.** $3(x - 7) = 5(3 - x)$.

**311.** $x - 3 = -3(4 - 2x)$.

**312.** $\frac{x}{3} + 8 = 13$.

**313.** $\frac{2x}{5} - 1 = \frac{x}{4} + 2$.

**314.** $\frac{3x}{4} + 1 = 2 - \frac{x}{3}$.

**315.** $\frac{x + 4}{3} = x - 4$.

**316.** $3x - 12 = \frac{5x - 6}{4}$.

**317.** $\frac{15x - 4}{2} = 1 + 6x$.

**318.** $\frac{4x + 5}{5} = 2x - 5$.

**319.** $3x - 8 = \frac{7x - 4}{6}$.

**320.** $\frac{x + 17}{2} = 17x - 8$.

**321.** $\frac{3x + 7}{8} = \frac{21 - 5x}{3}$.

**322.** $\frac{3x - 5}{4} = \frac{2x - 1}{3}$.

**323.** $\frac{x-9}{2}=\frac{1+3x}{13}$.

**324.** $\frac{x}{4}+\frac{x}{3}=x-5$.

**325.** $\frac{2x}{3}-5=10-\frac{x}{6}$.

**326.** $\frac{2x+18}{9}=4+\frac{x}{6}$.

**327.** $3(x-12)=\frac{2x-3}{3}$.

**328.** $x+1=\frac{4(2x-3)}{3}$.

**329.** $\frac{5(7x-6)}{7}-\frac{5}{7}=3$.

**330.** $\frac{3(5x-7)}{8}=7+\frac{x}{2}$.

## § III. — RÉSOLUTION DE DEUX ÉQUATIONS DU 1er DEGRÉ À DEUX INCONNUES

**69.** — Pour résoudre un système de deux équations à deux inconnues, il faut *éliminer* une des inconnues, c'est-à-dire la faire disparaître, de manière à n'avoir plus qu'une équation à une inconnue, qu'on résout par le procédé ordinaire.

Il y a plusieurs méthodes d'élimination.

### 1° Élimination par substitution.

**70.** — L'élimination par substitution consiste à tirer d'une des deux équations la valeur d'une inconnue en regardant l'autre comme connue, et à porter cette valeur dans la seconde équation.

Soit le système des deux équations :

$$3x+y=15 \qquad (1)$$
$$5x-4y=8. \qquad (2)$$

L'équation (1) donne pour valeur de $x$ :

$$x=\frac{15-y}{3}. \qquad (3)$$

Portons cette valeur à la place de $x$ dans l'équation (2) :

$$5\left(\frac{15-y}{3}\right)-4y=8.$$

Résolvant cette équation, on trouve successivement :

$$75-5y-12y=24$$
$$-17y=-51;$$

d'où
$$y=3.$$

Si dans l'équation (3) nous remplaçons $y$ par 3, on trouve :

$$x = \frac{15 - 3}{3} \text{ ou } 4.$$

Les valeurs des inconnues sont : $x = 4$ et $y = 3$.

### Exercices sur l'élimination par substitution.

331. $\begin{cases} 2x - y = 1, \\ x + 3y = 11. \end{cases}$

332. $\begin{cases} x + y = 19, \\ x - y = 11. \end{cases}$

333. $\begin{cases} 2x + y = 17, \\ 2y - x = 9. \end{cases}$

334. $\begin{cases} 3x - 2y = 1, \\ 3y - 2x = 6. \end{cases}$

335. $\begin{cases} 6x + 5y = 16, \\ 5x - 12y = -19. \end{cases}$

336. $\begin{cases} 5x + 29y = 9, \\ 19y - x = 23. \end{cases}$

## 2° Élimination par comparaison.

71 — **L'élimination par comparaison consiste à tirer la valeur d'une même inconnue dans les deux équations, et à égaler ces valeurs.**

Soit le système des deux équations :

$$4x - y = -5 \qquad (1)$$

$$5y + 8x = 32. \qquad (2)$$

La valeur de $x$ dans (1)

est : $$x = \frac{-5 + y}{4}, \qquad (3)$$

et dans (2) : $$x = \frac{32 - 5y}{8}. \qquad (4)$$

La valeur de $x$ étant la même dans les deux équations, on a :

$$\frac{-5 + y}{4} = \frac{32 - 5y}{8}.$$

Cette équation à une inconnue résolue par le procédé ordinaire donne :

$$y = 6.$$

Portant cette valeur de $y$ dans l'une des équations (3) et (4), on trouve :
$$x = \frac{1}{4}.$$

Les inconnues sont : $x = \frac{1}{4}$ et $y = 6$.

### 2° Élimination par comparaison.

**337.** $\begin{cases} 5x + 2y = 29, \\ 2x - 3y = 4. \end{cases}$

**338.** $\begin{cases} 2x - 17 = 25y, \\ 15y - x = -6. \end{cases}$

**339.** $\begin{cases} 5x + 2y = 79, \\ 3x - 4y = -15. \end{cases}$

**340.** $\begin{cases} y - 2x = 9, \\ 3y + 4x = 47. \end{cases}$

**341.** $\begin{cases} 8x - 9y = 53, \\ 5x + 18y = 41. \end{cases}$

**342.** $\begin{cases} 17x + y = 13, \\ 2x - 3y = 14. \end{cases}$

### 3° Élimination par réduction, appelée aussi élimination par addition ou par soustraction.

72. — **L'élimination par réduction consiste d'abord à ramener au même coefficient la même inconnue dans les deux équations ; puis :**

1° Si l'inconnue choisie a des ***signes contraires*** dans les deux termes qui la contiennent, on *additionne* membre à membre les deux équations.

2° Si l'inconnue a des ***signes semblables***, on ***retranche*** une équation de l'autre. De cette manière, on n'a plus qu'une équation à une inconnue, qu'on résout par le procédé ordinaire.

Soit le système des deux équations :
$$5x - y = 5, \quad (1)$$
$$3y - 2x = 11. \quad (2)$$

Pour éliminer $x$, multiplions les deux membres de la première par 2 et ceux de la seconde par 5 ; ces équations deviennent :
$$10x - 2y = 10,$$
$$15y - 10x = 55.$$

Les termes qui contiennent $x$ ayant des signes contraires, additionnons ces deux équations ; il vient :
$$13y = 65 ;$$
d'où
$$y = 5.$$

Mettant cette valeur à la place de $y$ dans l'une des équations (1) et (2), on trouve :

$$5x - 5 = 5, \quad \text{d'où} \quad x = 2;$$

ou

$$15 - 2x = 11, \quad \text{d'où} \quad x = 2.$$

73. **Remarque.** — La méthode par réduction est plus rapide que les précédentes lorsque les coefficients d'une inconnue sont les mêmes dans les deux équations, ou lorsqu'on peut, par une seule opération, rendre ces coefficients égaux ; dans tous les cas, elle offre l'avantage de ne point introduire de dénominateurs.

### Exercices sur l'élimination par réduction.

**343.** $\begin{cases} 3x + 2y = 19, \\ 5x - 8y = 9. \end{cases}$

**344.** $\begin{cases} x - 5y = 1, \\ 6y - x = 2. \end{cases}$

**345.** $\begin{cases} 10x + 17y = 97, \\ 15x + 8y = 128. \end{cases}$

**346.** $\begin{cases} 2x - y = 30, \\ 6(x - 3) = 7y. \end{cases}$

**347.** $\begin{cases} 2x + 5y = 19, \\ 4x + 2y = 14. \end{cases}$

**348.** $\begin{cases} 7x - 2y = 17, \\ y - 3x = x - 16. \end{cases}$

### Équations du 1er degré à deux inconnues.

**349.** $\begin{cases} 3x - 2y = 5, \\ 2x + 4y = 14. \end{cases}$

**350.** $\begin{cases} 12x - 3y = 12, \\ 8x + y = 20. \end{cases}$

**351.** $\begin{cases} 6x + 5y = 16, \\ 5x - 12y = -19. \end{cases}$

**352.** $\begin{cases} 4x - y = 2, \\ 5y - 2x = 8. \end{cases}$

**353.** $\begin{cases} 5x + 2y = 79, \\ 3x - 4y = -15. \end{cases}$

**354.** $\begin{cases} 3x + 2y = 23, \\ 5y - 2x = 29. \end{cases}$

**355.** $\begin{cases} 10x + 4y = 3, \\ 20y - 5x = 4. \end{cases}$

**356.** $\begin{cases} 6x = 5y, \\ 2x - y = 12. \end{cases}$

**357.** $\begin{cases} x - 2y = 1, \\ 4y + 9 = 3x. \end{cases}$

**358.** $\begin{cases} 8x - 9y = 53, \\ 5x + 18y = 41. \end{cases}$

**359.** $\begin{cases} 7x + 4y = 29, \\ 8y - 3x = -10. \end{cases}$

**360.** $\begin{cases} 12x - 5y = 57, \\ 12y + 2x = 48 \end{cases}$

**361.** $\begin{cases} 18x + 11y = 109, \\ 23y - 88 = 9x. \end{cases}$

**362.** $\begin{cases} 5x - 31 = 3y, \\ 3(x + 2) = 10y. \end{cases}$

363. $\begin{cases} x + 2y = 22, \\ 5(x - 5) = y - 3. \end{cases}$

364. $\begin{cases} 5(2x - y) = 60, \\ 8x + 9y = 74. \end{cases}$

365. $\begin{cases} 2(9 + y) = 3x, \\ 4x + 11 = 5y. \end{cases}$

366. $\begin{cases} 5x - 14 = 3y, \\ 7(3x - 2y) = 35. \end{cases}$

367. $\begin{cases} 6(x + y) = 5, \\ 3y + 8x = 5. \end{cases}$

368. $\begin{cases} \frac{2x}{5} + \frac{3y}{4} = 5, \\ x - y = 1. \end{cases}$

369. $\begin{cases} x - 3y = 1, \\ \frac{3x}{4} - y = 2. \end{cases}$

370. $\begin{cases} \frac{x}{y} = \frac{3}{4}, \\ 5x - 4y = -3. \end{cases}$

371. $\begin{cases} 3x = 4y, \\ \frac{x}{4} + \frac{2y}{3} = 9. \end{cases}$

372. $\begin{cases} 3x - 2y = 12, \\ \frac{5x}{8} + \frac{2y}{3} = 9. \end{cases}$

373. $\begin{cases} 18x - 29y = 3, \\ \frac{29x}{5} + 6y = 47. \end{cases}$

374. $\begin{cases} 3x + \frac{7y}{9} = 19, \\ y - 6 = \frac{3x}{4}. \end{cases}$

375. $\begin{cases} 4x - \frac{5y}{7} = 33, \\ y = \frac{7x}{4}. \end{cases}$

376. $\begin{cases} 9x - 17 = \frac{37y}{13}, \\ 2y - \frac{25x}{2} = -49. \end{cases}$

377. $\begin{cases} \frac{x}{2} + \frac{y}{3} = 10, \\ \frac{5x}{7} - \frac{2y}{9} = 8. \end{cases}$

378. $\begin{cases} \frac{x + y}{4} + \frac{x - y}{2} = 3, \\ \frac{12x - 7y}{13} = 3. \end{cases}$

379. $\begin{cases} \frac{x + 1}{y} = \frac{1}{4}, \\ \frac{x}{y + 1} = \frac{1}{5}. \end{cases}$

380. $\begin{cases} \frac{x - 1}{y} = \frac{2}{3}, \\ \frac{x}{y - 1} = \frac{7}{8}. \end{cases}$

## § IV. — RÉSOLUTION DE TROIS ÉQUATIONS DU 1er DEGRÉ A TROIS INCONNUES

**74.** — Pour résoudre trois équations à trois inconnues, on tire la valeur d'une inconnue dans l'une des équations et on la substitue dans les deux autres. On a ainsi deux équations à deux inconnues, que l'on résout par les procédés ordinaires.

**75.** — On peut aussi tirer la valeur d'une même inconnue dans les trois équations et égaler ces valeurs deux à deux.

76. — Dans la résolution de trois équations à trois inconnues, les méthodes d'élimination par comparaison et par réduction peuvent s'employer aussi bien que la méthode par substitution.

77. — Soit à résoudre le système des trois équations :

$$5x - y + 2z = 2; \quad (1)$$
$$3y - x + z = 15; \quad (2)$$
$$3x + 2y - z = -2. \quad (3)$$

Tirons la valeur de $x$ dans l'une des équations, la deuxième, par exemple, où cette inconnue a pour coefficient $-1$. On a :

$$x = -15 + 3y + z.$$

Portant cette valeur à la place de $x$ dans les deux autres équations, on obtient le système :

$$5(-15 + 3y + z) - y + 2z = 2;$$
$$3(-15 + 3y + z) + 2y - z = -2.$$

Après la réduction des termes semblables, on obtient :

$$14y + 7z = 77;$$
$$11y + 2z = 43.$$

En les résolvant par l'une des méthodes connues, on trouve :

$$y = 3 \quad \text{et} \quad z = 5.$$

Ces valeurs de $y$ et de $z$, mises dans l'une des équations (1), (2), (3), donnent : $x = -1$.

78. — Soit le système des trois équations :

$$2x + 3y + 4z = 20 \quad (1)$$
$$3x + 2z + 4y = 17 \quad (2)$$
$$4x + 3z + 2y = 17. \quad (3)$$

Cherchons la valeur de $x$ dans les trois équations :

$$x = \frac{20 - 3y - 4z}{2};$$

$$x = \frac{17 - 2z - 4y}{3};$$

$$x = \frac{17 - 3z - 2y}{4}.$$

Égalons la première de ces valeurs d'abord à la deuxième, puis à la troisième :

$$\frac{20-3y-4z}{2}=\frac{17-2z-4y}{3};$$

$$\frac{20-3y-4z}{2}=\frac{17-3z-2y}{4}.$$

Ces équations deviennent :

$$y+8z=26;$$
$$8y+10z=46.$$

En les résolvant par une des méthodes connues, on trouve :

$$y=2 \quad \text{et} \quad z=3.$$

Ces valeurs mises à la place de $y$ et de $z$ dans l'une des équations (1), (2) ou (3), donnent : $x=1$.

## Équations du 1er degré à trois inconnues.

**381.** $\left\{\begin{array}{l} x+2y+3z=13, \\ 2x+3y+z=18, \\ 3x+y+2z=17. \end{array}\right.$

**382.** $\left\{\begin{array}{l} x+y+z=11, \\ 2x-y+z=5, \\ 3x+2y+z=24. \end{array}\right.$

**383.** $\left\{\begin{array}{l} 5x-y+3z=12, \\ x+4y-2z=3, \\ 3y-2x+z=7. \end{array}\right.$

**384.** $\left\{\begin{array}{l} x-2y-10z=13, \\ 2x+y+5z=6, \\ 3x+3y+z=31. \end{array}\right.$

**385.** $\left\{\begin{array}{l} x-y+z=7, \\ y+x-z=1, \\ z+y-x=3. \end{array}\right.$

**386.** $\left\{\begin{array}{l} 2x-3y-z=-11, \\ 2y-3x+z=4, \\ 3z+y-2x=13. \end{array}\right.$

**387.** $\left\{\begin{array}{l} 5x+y+3z=6, \\ 15x+3y-4z=-8, \\ x-2y-5z=1. \end{array}\right.$

**388.** $\left\{\begin{array}{l} 20x-2y-z=20, \\ 15x+y+z=5, \\ 3y-15x-2z=55. \end{array}\right.$

**389.** $\left\{\begin{array}{l} x+4y-5z=-6, \\ 3x+2y+2z=48, \\ 5x-y+4z=55. \end{array}\right.$

**390.** $\left\{\begin{array}{l} 4x-3y+2z=28, \\ 3x+2y-5z=16, \\ 2x+y-3z=10. \end{array}\right.$

**391.** $\left\{\begin{array}{l} x+y-2z=9, \\ 2x-y+4z=4, \\ 2x-y-6z=-1. \end{array}\right.$

**392.** $\left\{\begin{array}{l} x+2y-z=4, \\ 2x-4y+z=1, \\ 8y-2x-5z=5. \end{array}\right.$

## § V. — PROBLÈMES DU 1er DEGRÉ

79. — **La résolution de tout problème exige : 1° la mise en équations; 2° la résolution des équations.**

80. — Un problème est *déterminé* lorsque son énoncé fournit autant d'*équations différentes* qu'il renferme d'inconnues.

Il est *indéterminé* si l'énoncé fournit moins d'équations qu'il n'a d'inconnues.

81. **Mise en équations.** — Il n'existe point de règle générale qui permette de trouver immédiatement l'équation unique ou les équations répondant à l'énoncé d'un problème. On peut cependant, dans bien des cas, adopter la marche suivante : On suppose la réponse trouvée, et l'on indique, à l'aide des signes algébriques, les opérations à effectuer pour vérifier l'exactitude de la réponse.

**Problème I.** — *Quel est le nombre qui, étant augmenté de 24, devient cinq fois plus grand qu'il n'était d'abord?*

Soit $x$ ce nombre.

D'après l'énoncé, en ajoutant 24 à $x$, on doit trouver 5 fois le nombre $x$ ou $5x$ ; de là l'équation :

$$x + 24 = 5x,$$
$$4x = 24,$$
$$x = 6.$$

**Problème II.** — *La somme des âges de 3 personnes est 85 ans; trouver l'âge de chacune, sachant que la deuxième a le double de l'âge de la première et que la troisième a 15 ans de moins que la deuxième.*

Appelons $x$ l'âge de la première, l'âge de la deuxième sera :

$$2x,$$

et celui de la troisième : $2x - 15$.

En ajoutant les trois âges, on devra trouver 85; donc,

$$x + 2x + 2x - 15 = 85,$$
$$5x = 85 + 15 = 100,$$
$$x = \frac{100}{5} = 20.$$

**Rép.** L'âge de la première est 20 ans, celui de la deuxième 40 ans, et celui de la troisième 40 — 15 ou 25 ans.

**Problème III.** — *Un fermier avait 150 fr. lorsqu'il reçoit le prix de 7 sacs de blé; il débourse pour payer son loyer les trois quarts de son argent, puis il vend encore 5 sacs de blé qu'on lui paye au même prix que les premiers; alors il a 159 fr. Quel est le prix du sac de blé?*

Soit $x$ le prix du sac de blé.

Après qu'il a reçu le prix de 7 sacs, il a :

$$150 + 7x.$$

Il débourse les trois quarts de son argent; il lui reste donc le quart de $150 + 7x$ ou

$$\frac{150 + 7x}{4}.$$

Après la seconde vente de blé, il a :

$$\frac{150 + 7x}{4} + 5x;$$

mais alors il possède 159 fr.; de là l'équation

$$\frac{150 + 7x}{4} + 5x = 159.$$

Chassons le dénominateur :

$$150 + 7x + 20x = 636,$$
$$27x = 636 - 150 = 486,$$
$$x = \frac{486}{27} = 18.$$

**Rép.** — Le prix du sac était de 18 fr.

**Problème IV.** — *Un marchand a du froment de deux qualités; quand il en prend 2 hectolitres de la première et 3 de la seconde, l'hectolitre de mélange vaut 28 fr.; et quand il prend 3 hectolitres de la première et 2 de la seconde, le mélange vaut 27 fr. Quel est le prix de chaque qualité?*

Soient $x$ et $y$ les prix des deux qualités.

Le prix du premier mélange sera $2x + 3y$, et formera 5 hectolitres à 28 fr., soit 140 fr.

Le prix du second mélange sera $3x + 2y$, et formera 5 hectolitres à 27 fr., soit 135 fr.

Nous aurons pour équations :

$$2x + 3y = 140,$$
$$3x + 2y = 135.$$

Leur résolution donne : $x = 25$ fr. et $y = 30$ fr.

**Problème V.** — *Trouver une fraction telle, que si l'on ajoute 1 à chacun de ses deux termes, elle devienne 4/5 et que si l'on retranche 3 de chacun de ses deux termes, elle devienne 2/3.*

Soit $\frac{x}{y}$ la fraction.

La première équation sera : $$\frac{x+1}{y+1} = \frac{4}{5},$$

et la seconde : $$\frac{x-3}{y-3} = \frac{2}{3};$$

d'où $$\frac{x}{y} = \frac{7}{9}.$$

**Problème VI.** — *Un marchand tailleur prend chez son fournisseur 15 mètres de drap et 8 mètres de toile, et paye 249 fr. Une autre fois, il prend 30 mètres de toile, rend 5 mètres de drap, et donne 15 francs. Trouver le prix de la toile et du drap.*

Appelons $x$ le prix du drap et $y$ celui de la toile ; nous aurons les équations :

$$15x + 8y = 249,$$
$$30y - 5x = 15,$$

dont la résolution donne : $x = 15$ fr., et $y = 3$ fr.

**Problème VII.** — *Pour faire le voyage du Havre à New-York, aller et retour, il faut 485 fr. en deuxième classe. Un voyageur prend un billet, donne 20 livres sterling, et on lui rend 3 dollars ; un autre voyageur prend aussi un billet et donne 17 livres et 12 dollars. Trouver la valeur de la livre et celle du dollar.*

Soient $x$ la valeur de la livre et $y$ celle du dollar ; on a les équations :

$$20x - 3y = 485,$$
$$17x + 12y = 485.$$

En les résolvant, on trouve : $x = 25$ fr., et $y = 5$ fr.

## Problèmes du 1er degré.

**393.** En ajoutant 90 à un nombre, on obtient 6 fois ce nombre. Quel est ce nombre ?

**394.** Un enfant dit à son camarade : Donne-moi 34 bons points, et le nombre des miens sera triplé. Combien cet enfant a-t-il de bons points ?

**395.** L'âge d'un enfant est le cinquième de l'âge de son père ; ensemble, ils ont 36 ans. Quel est leur âge ?

**396.** La somme des prix de deux montres est 144 fr., la différence est de 24 fr. Quel est le prix de chacune ?

**397.** Partager 512 fr. entre deux personnes de manière que l'une ait 64 fr. de plus que l'autre.

**398.** Partager 265 fr. entre trois personnes, de manière que la première ait 15 fr. de moins que la troisième et celle-ci 35 fr. de plus que la deuxième.

**399.** Un rentier partage 93,500 fr. entre ses trois neveux ; il leur donne à chacun un même nombre de pièces, au premier de 2 fr., au deuxième de 5 fr., au troisième de 10 fr. Quelle est la part de chacun ?

**400.** Un chasseur a tué en nombre égal des lièvres, des perdrix et des alouettes. Il vend les lièvres 5 fr., les perdrix 1 fr. et les alouettes 0 fr. 10, et retire de sa vente 91 fr. 50. Combien a-t-il tué de pièces de gibier ?

**401.** Les $^3/_7$ d'une propriété sont en vigne, $^1/_3$ en pré et le reste en jardin. Trouver la superficie de la propriété, sachant que le pré a 2 ares de moins que le jardin.

**402.** Un berger interrogé sur le nombre de ses moutons répond : Au tiers de ce que j'ai ajoutez 8 moutons, et vous aurez la moitié de mon troupeau. Combien ce berger a-t-il de moutons ?

**403.** Il y a 5 fr. de différence entre $\frac{1}{7}$ et $\frac{1}{8}$ du prix d'une bicyclette. Combien a-t-elle coûté ?

**404.** Un père et ses deux enfants ont ensemble 72 ans ; trouver l'âge de chacun, sachant que l'aîné a 2 fois l'âge de son frère, et que l'âge du père égale 2 fois l'âge de ses enfants.

**405.** En multipliant un nombre par 12, on l'a augmenté de 264. Quel est ce nombre ?

**406.** Un cycliste qui a un trajet à effectuer, après avoir fait $^1/_3$ de sa route plus de 24 km., a encore 36 km. à parcourir. Quelle est, en kilomètres, la longueur du trajet ?

**407.** Deux automobiles partent ensemble de deux villes distantes de 360 km. et vont à la rencontre l'une de l'autre ; la première fait

50 km. à l'heure, et la deuxième 40 km. Dans combien d'heures et à quelle distance des deux villes se rencontreront-elles ?

408. En prenant un domestique, un maître lui promet, par an, 240 fr. et un habit. Au bout de 8 mois, le domestique est congédié et reçoit 120 fr. et l'habit. Quelle est la valeur de l'habit ?

409. Trouver deux nombres tels que la somme du premier plus 3 fois le deuxième soit 33, et que le deuxième augmenté de 3 fois le premier égale 43.

410. On veut, avec 35 pièces de monnaie, tant de 5 fr. que de 2 fr., former la somme de 115 fr. Combien y aura-t-il de pièces de chaque espèce ?

411. Pour 13 journées d'ouvrier et 9 d'apprenti, on a donné 122 fr. 50, et 91 fr. pour 6 journées d'apprenti et 10 d'ouvrier. Quel est le salaire journalier de chacun ?

412. Deux robinets coulant le premier pendant 4 heures et le deuxième pendant 7 heures ont rempli un bassin de 8400 litres. Les mêmes robinets ouverts, le premier pendant 6 heures et le deuxième pendant 3 heures, ont fourni 6600 litres. Combien chaque robinet donne-t-il de litres par heure ?

413. Trouver 2 nombres dont la différence est 132 et qui sont entre eux comme 3 est à 7.

414. Trouver 2 nombres ayant 42 pour somme et 5 pour quotient.

415. Quel est le nombre de deux chiffres dont la somme est 10, et qui retourné égale le triple du nombre donné moins 2 ?

416. Trouver le nombre de bons points que possèdent deux élèves, sachant que si le premier donne 15 de ses points au deuxième, celui-ci en aura le double de ce qui reste au premier, et que si le deuxième donne 15 de ses points au premier, ce dernier en aura le triple de ce qui reste au deuxième.

417. Quelle est la fraction qui devient égale à $^3/_4$ quand on ajoute 3 à ses deux termes, et à $^1/_2$ quand on les diminue de 1 ?

418. Dans une basse-cour où se trouvent des poules et des lapins, on compte 60 têtes et 168 pattes. Combien y a-t-il de poules et de lapins ?

419. Dans une maison, les portes ont 4 carreaux et les fenêtres 6; on compte 30 ouvertures et 172 carreaux. Combien y a-t-il de portes et de fenêtres ?

420. Un marchand vend une première fois 5 mètres de drap et 7 mètres de toile pour 74 francs; une autre fois 7 mètres de drap et 5 mètres de toile, et reçoit 94 francs. Quel est le prix du mètre de chaque étoffe ?

421. Deux armées sont entre elles comme 3 est à 4. Après un combat où la première a perdu 1000 hommes et la deuxième 3000, le rapport est de 7 à 9. Quel était l'effectif de ces deux armées ?

# TROISIÈME PARTIE

---

## ÉQUATIONS DU SECOND DEGRÉ

### § 1. CARRÉS ET RACINES CARRÉES

**82. Carré.** — Le *carré* d'une quantité est le produit de deux facteurs égaux à cette quantité.

Le carré de $+2ab^2$ est $(2ab^2).(2ab^2)$ ou $+4a^2b^4$;
celui de $-2ab^2$ est $(-2ab^2)(-2ab^2)$ ou $+4a^2b^4$.

On a aussi : $\left(\pm\frac{x}{y}\right)^2=\left(\pm\frac{x}{y}\right)\left(\pm\frac{x}{y}\right)$, ou $+\frac{x^2}{y^2}$,

et $(a+b)^2=(a+b)(a+b)$ ou $a^2+2ab+b^2$,
de même $(a-b)^2=(a-b)(a-b)$ ou $a^2-2ab+b^2$
(nos 27 et 28).

De ces exemples on déduit les conséquences suivantes :

**83. Carré d'un monôme.** — Le carré d'un monôme positif ou négatif est toujours un monôme positif.

**Pour élever un monôme au carré, on fait le carré du coefficient et on double ses exposants.**

Pour qu'un monôme soit un carré parfait, il faut :

1° Qu'il soit positif;

2° Que son coefficient soit un carré;

3° Que ses exposants soient pairs.

Les monômes $4a^2b^4$, $9a^4b^2c^6$ sont des carrés parfaits.

84. — Le carré d'une fraction s'obtient en élevant ses deux termes au carré.

Ainsi le carré de $\frac{3a}{2b^3}$ ou $\left(\frac{3a}{2b^3}\right)^2 = \frac{9a^2}{4b^6}$.

85. — Un binôme n'est jamais carré parfait, car le carré d'un monôme est un monôme et le carré d'un binôme est un trinôme.

86. — *Le carré d'un binôme est un trinôme renfermant:*

1° *Le carré du premier terme du binôme;*

2° *Le double produit du premier terme par le second;*

3° *Le carré du second terme.*

## Exercices.

**422.** $(3a^2b)^2$.

**423.** $(4ab^2c^3)^2$.

**424.** $\left(\frac{2x^2y}{3}\right)^2$.

**425.** $\left(\frac{3a^3bc}{5}\right)^2$.

**426.** $\left(\frac{4a^2b}{5cd^2}\right)^2$.

**427.** $\left(\frac{8x^5y^3}{3a^3b^4}\right)^2$.

**428.** $(2a - 3b)^2$.

**429.** $\left(\frac{a}{2} + \frac{b}{3}\right)^2$.

**430.** $\left(x + \frac{y}{2}\right)^2$.

**431.** $\left(\frac{a}{x} + \frac{b}{y}\right)^2$.

87. **Racine carrée.** — La *racine carrée* d'une quantité est une autre quantité qui, multipliée par elle-même, reproduit la première.

Ainsi la racine carrée de $a^2$ est $\pm a$, car $(\pm a)^2 = a^2$ (n° 82).

Une racine carrée à extraire s'indique par le signe $\sqrt[2]{\ }$ ou $\sqrt{\ }$, qui se nomme radical du second degré (n° 2).

**La racine carrée d'un monôme carré parfait s'obtient en prenant la racine carrée de son coefficient et en divisant par 2 les exposants de toutes ses lettres. Le résultat est affecté du double signe $\pm$.**

**Ainsi** $\sqrt{4a^2b^4} = \pm 2ab^2$.

Lorsque le monôme n'est pas carré parfait, on le met sous le $\sqrt{\phantom{x}}$ précédé du double signe $\pm$,

$\pm\sqrt{3ab}$ est la racine carrée de $3ab$.

**La racine carrée d'une fraction égale le quotient de la racine carrée de ses deux termes.**

La fraction $\frac{a}{b}$ a pour racine carrée $\pm\sqrt{\frac{a}{b}}$.

## § II. CALCUL DES RADICAUX

**Simplification des radicaux.** — Simplifier un radical, c'est faire sortir de ce radical tous les facteurs carrés qu'il renferme.

88. **Règle. — Pour faire sortir du radical un facteur carré parfait, on extrait la racine carrée de ce facteur et l'on écrit cette racine devant le radical.**

Ainsi $\sqrt{a^2b} = a\sqrt{b}$ et $\sqrt{4a^3b^5} = \pm 2ab^2\sqrt{ab}$.

89. — **Pour faire passer un facteur sous le radical, on multiplie la quantité sous le radical par le carré de ce facteur.**

Ainsi $a\sqrt{b} = \sqrt{a^2 \times b}$ ; $2ab^2\sqrt{ab} = \sqrt{ab \times 4a^2b^4}$ ou $\sqrt{4a^3b^5}$.

90. **Radicaux semblables.** — Les *radicaux semblables* sont ceux de même indice renfermant les mêmes quantités sous le radical. Ainsi : $6\sqrt{a}$, $-b\sqrt{a}$, $+ab\sqrt{a}$, $-\sqrt{a}$ sont des radicaux semblables.

On peut les réduire en un seul et écrire :

$$6\sqrt{a} - b\sqrt{a} + ab\sqrt{a} - \sqrt{a} = (5 - b + ab)\sqrt{a}.$$

Le plus souvent, on arrive à trouver des radicaux semblables en les simplifiant ; ainsi les radicaux :

$$a\sqrt{48},\quad -b\sqrt{27},\quad \sqrt{12},$$

deviennent $a\sqrt{16 \times 3}$, $-b\sqrt{9.3}$, $\sqrt{4.3}$,

ou $4a\sqrt{3}$, $-3b\sqrt{3}$, $2\sqrt{3}$, qui sont des radicaux semblables.

91. **Addition et soustraction.** — **Pour l'addition et la soustraction des radicaux, on observe les mêmes règles que pour l'addition et la soustraction des quantités algébriques (nos 14 et 15).**

1o Soit à additionner $5\sqrt{b} - 8\sqrt{2}, + \sqrt{b} + 5\sqrt{2} - \sqrt{b}$.

On a (no 14) : $5\sqrt{b} - 8\sqrt{2} + 2\sqrt{b} + 5\sqrt{2} - \sqrt{b}$,

et après réduction : $6\sqrt{b} - 3\sqrt{2}$.

2o Si l'on retranche $5\sqrt{2} - \sqrt{b}$ de $3\sqrt{2} + 2\sqrt{b} - \sqrt{a}$,

on obtient (no 15) : $3\sqrt{2} + 2\sqrt{b} - \sqrt{a} - 5\sqrt{2} + \sqrt{b}$,

et après réduction : $-2\sqrt{2} + 3\sqrt{b} - \sqrt{a}$.

92. **Multiplication.** — **Le produit de plusieurs radicaux du second degré égale la racine carrée du produit des quantités placées sous le radical.**

Le produit $\sqrt{a} \cdot \sqrt{b} \cdot \sqrt{c} = \sqrt{a \cdot b \cdot c}$,

et $\sqrt{a+b} \cdot \sqrt{a-b} = \sqrt{(a+b)(a-b)}$ ou $\sqrt{a^2 - b^2}$.

93. **Division.** — **Le quotient de deux radicaux du second degré égale la racine carrée du quotient des quantités placées sous le radical.**

Le quotient de $\sqrt{ab} : \sqrt{bc} = \frac{\sqrt{ab}}{\sqrt{bc}}$ ou $\sqrt{\frac{ab}{bc}} = \sqrt{\frac{a}{c}}$ ;

de même $\sqrt{a^2 - b^2} : \sqrt{a+b} = \frac{\sqrt{a^2 - b^2}}{\sqrt{a+b}}$

ou $\sqrt{\frac{(a+b)(a-b)}{a+b}}$ ou $\sqrt{a-b}$.

94. **Carré d'un radical du second degré.** — **Pour élever au carré une quantité sous un radical du second degré, il suffit de supprimer le radical.**

Ainsi $\left(\sqrt{a}\right)^2 = \sqrt{a} \cdot \sqrt{a}$ ou $\sqrt{a^2} = a$.

95. **Rendre rationnel le dénominateur d'une fraction.** — Dans le résultat de la division donné sous forme de fraction, il arrive que le dénominateur renferme un radical dont la racine n'est pas exacte ; dans ce cas, pour la simplicité des calculs, on rend le dénominateur rationnel.

Nous étudierons deux cas :

1er Cas. — *Le dénominateur est un monôme.* On multiplie les deux termes de la fraction par le dénominateur.

Ainsi $\dfrac{a}{\sqrt{5}} = \dfrac{a \times \sqrt{5}}{\sqrt{5} \times \sqrt{5}}$ ou $\dfrac{a\sqrt{5}}{5}$.

2e Cas. — *Le dénominateur est un binôme.* On multiplie les deux termes de la fraction par le binôme dont le produit par le dénominateur égale la différence des carrés de ses termes.

Or on a (n° 29) : $(2 - \sqrt{2}) \times (2 + \sqrt{2}) = 2^2 - (\sqrt{2})^2$,

ou $4 - 2$.

Si donc le dénominateur est une différence, on prendra la somme de ses deux termes comme facteur, et réciproquement.

On aura donc :

$$\frac{a}{2 - \sqrt{2}} = \frac{a(2 + \sqrt{2})}{(2 - \sqrt{2})(2 + \sqrt{2})}$$

ou

$$\frac{a(2 + \sqrt{2})}{4 - 2} = \frac{a(2 + \sqrt{2})}{2}.$$

## Exercices sur le calcul des radicaux.

*Simplifier les radicaux et effectuer les opérations indiquées :*

**432.** $\sqrt{9a^3b^4c^2}$.

**433.** $\sqrt{8a^4b^3c^2}$.

**434.** $\sqrt{16a^3c^2 + 12a^2b^3}$.

**435.** $\sqrt{18\,a^4b^3c^2 - 9a^2b^2c^4}$.

**436.** $2\sqrt{2} - 5\sqrt{2} + 4\sqrt{2}$.

**437.** $\dfrac{3}{2}\sqrt{3} - \dfrac{1}{2}\sqrt{3} - \dfrac{1}{4}\sqrt{3}$.

**438.** $3\sqrt{2} - 4\sqrt{8} + 2\sqrt{18}$.

**439.** $5\sqrt{12} - 4\sqrt{3} + \sqrt{48}$.

440. $2\sqrt{5} - 3\sqrt{20} + 2\sqrt{45} - \sqrt{80}$.

441. $\frac{2}{3}\sqrt{3} - \frac{1}{4}\sqrt{18} + \frac{2}{5}\sqrt{2} - \frac{1}{4}\sqrt{12}$.

442. $\frac{3}{4}\sqrt{5} - \frac{1}{3}\sqrt{28} + \frac{2}{3}\sqrt{7} - \frac{1}{4}\sqrt{45}$.

443. $a\sqrt{7} + b\sqrt{18} - a\sqrt{63} - b\sqrt{2}$.

444. $\sqrt{24} \times \sqrt{6}$.

445. $\sqrt{18} \times \sqrt{8}$.

446. $3\sqrt{27} \times 2\sqrt{3}$.

447. $(3 + \sqrt{5}) \times \sqrt{20}$.

448. $(2\sqrt{12} - 4) \times \sqrt{3}$.

449. $(2\sqrt{5} + \sqrt{2})(2\sqrt{5} - \sqrt{2})$.

450. $2\sqrt{72} : \sqrt{8}$.

451. $5\sqrt{12} : \sqrt{3}$.

452. $(2\sqrt{32} - \sqrt{72}) : \sqrt{8}$.

453. $20\sqrt{a^5b} : 5\sqrt{ab^3}$.

454. $(3\sqrt{54} - 2\sqrt{24}) : \sqrt{6}$.

455. $(-5\sqrt{a^3b^3} + 3\sqrt{a^5b^3}) : \sqrt{ab^3}$.

*Rendre rationnel le dénominateur des fractions suivantes :*

456. $\frac{2}{\sqrt{3}}$.

457. $\frac{5}{2\sqrt{6}}$.

458. $\frac{\sqrt{5}}{3\sqrt{15}}$.

459. $\frac{2 - \sqrt{3}}{3\sqrt{6}}$.

460. $\frac{2}{3 + \sqrt{2}}$.

461. $\frac{\sqrt{6}}{3 - \sqrt{5}}$.

462. $\frac{5}{\sqrt{8}-2}$.

463. $\frac{1+\sqrt{2}}{2-\sqrt{2}}$.

464. $\frac{\sqrt{5}-1}{1+\sqrt{5}}$.

465. $\frac{\sqrt{2}+\sqrt{3}}{\sqrt{2}-\sqrt{3}}$.

466. $\frac{a-\sqrt{5}}{a+\sqrt{5}}$.

467. $\frac{b+\sqrt{a}}{\sqrt{a}-b}$.

## § III. RÉSOLUTION DE L'ÉQUATION DU SECOND DEGRÉ A UNE INCONNUE

96. — Une équation dans laquelle le plus fort exposant de l'inconnue est 2, s'appelle *équation du second degré.*

Les équations $ax^2+c=0$, $ax^2+bx=0$, et $ax^2+bx+b=0$ sont du second degré.

L'équation $ax^2+bx+c=0$, qui contient un terme en $x^2$, un terme en $x$ et un terme connu, est dite *équation complète.*

Les équations $ax^2+c=0$ et $ax^2+bx=0$, dans lesquelles manque un des derniers termes, sont des *équations incomplètes.*

### Résolution de l'équation incomplète.

97. **1er Cas :** $ax^2+c=0$.

Divisons les deux termes par $a$ et transposons, nous obtenons : $x^2=-\frac{c}{a}$, d'où $x=\pm\sqrt{-\frac{c}{a}}$.

Application : $4x^2-16=0$.

En opérant comme ci-dessus,

nous aurons : $x^2=\frac{16}{4}$, et $x=\pm\sqrt{\frac{16}{4}}$.

Nous trouvons 2 et $-2$ comme racines de l'équation ; en effet, en remplaçant $x$ par ses valeurs, nous aurons :

$$4(2\times 2)-16=0 \quad \text{et} \quad 4(-2\times -2)-16=0.$$

**Exercices sur l'équation incomplète $ax^2 + c = 0$.**

468. $x^2 - 25 = 0$.

469. $3x^2 - 363 = 0$.

470. $3x^2 - 45 = -2x^2$.

471. $5x^2 - 48 = 3x^2 + 114$.

472. $\frac{x^2}{4} - 36 = 0$.

473. $\frac{5x^2}{3} = x^2 + 30$.

474. $\frac{4x^2}{5} - 60 = \frac{3x^2}{4}$.

475. $(x+1)(x-1) = 48$.

476. $(x+7)(x-7) = 32$.

477. $(2x+3)(2x-3) = 135$.

478. $4(2x+5)(2x-5) = 44$.

479. $8\left(3x+\frac{1}{2}\right)\left(3x-\frac{1}{2}\right) = 646$.

98. **2e Cas.** $ax^2 + bx = 0$.

En mettant $x$ en facteur commun, on a :

$$x(ax + b) = 0.$$

Or, pour qu'un produit soit nul, il suffit que l'un des facteurs le soit.

Ce produit $x(ax + b)$ peut donc être nul

pour $x = 0$,

ou pour $(ax + b) = 0$.

Cette deuxième égalité donne :

$$x = -\frac{b}{a}.$$

Application : $2x^2 - 6x = 0$

devient : $x(2x - 6) = 0$ ;

d'où $x = 0$,

et $2x - 6 = 0$.

Cette dernière équation donne : $x = \frac{6}{2}$ ou 3.

Ainsi les deux racines de l'équation $2x^2 - 6 = 0$

sont : $x' = 0$, et $x'' = 3$.

**Exercices sur l'équation incomplète $ax^2 + bx = 0$.**

**480.** $$3x^2 - 36x = 0.$$

**481.** $$7x^2 - 18x = 17x.$$

**482.** $$\frac{x^2}{3} + 15x = 18x.$$

**483.** $$\left(x + \frac{1}{3}\right)\left(x - \frac{1}{3}\right) = 3x - \frac{1}{9}.$$

**484.** $$\frac{2x^2 + 3x}{4} = \frac{4x^2}{3} - \frac{5x}{4}.$$

**485.** $$3\left(\frac{x^2}{2} + \frac{x}{4}\right) = \frac{5x^2}{3}.$$

**486.** $$\frac{5x^2}{3} - \frac{2x}{5} = \frac{3x^2}{2} + \frac{3x}{5}.$$

**487.** $$x(2x - 1) + 3x\left(x - \frac{2}{3}\right) = 172x.$$

99. **Résolution de l'équation complète $ax^2 + bx + c = 0$.** — Faisons passer le terme connu $c$ dans le deuxième membre; nous aurons : $$ax^2 + bx = -c.$$

Pour avoir un nombre pair coefficient de $x$ et le premier terme carré parfait, multiplions les deux membres par $4a$. il vient : $$4a^2x^2 + 4abx = -4ac. \qquad (1)$$

Nous savons (nº 82) que le carré du binôme
$$(2ax + b)^2 = 4a^2x^2 + 4abx + b^2.$$

Nous avons les deux premiers termes de ce carré; il suffit d'ajouter $b^2$ aux deux membres de l'équation (1);
il vient : $$4a^2x^2 + 4abx + b^2 = b^2 - 4ac.$$

Prenons la racine carrée des deux membres :
$$2ax + b = \pm\sqrt{b^2 - 4ac},$$
$$2ax = -b \pm \sqrt{b^2 - 4ac}.$$
$$x = \frac{-b \pm \sqrt{b^2 - 4ac}}{2a}.$$

**100.** — On voit que les racines de l'équation complète du second degré $ax^2 + bx + c = 0$ égalent *le coefficient de* $x$ *pris en signe contraire, plus ou moins la racine carrée du carré de ce coefficient, diminué de quatre fois le produit du coefficient de* $x^2$ *par le terme connu, le tout divisé par le double du coefficient de* $x^2$.

**101. Racines.** — Appelons $x'$ et $x''$ chacune des deux racines de l'équation ; on a :

$$x' = \frac{-b + \sqrt{b^2 - 4ac}}{2a},$$

$$x'' = \frac{-b - \sqrt{b^2 - 4ac}}{2a}.$$

**Applications.** — 1° *Soit à résoudre l'équation*

$$2x^2 - 7x + 3 = 0,$$

alors : $a = 2, \quad b = -7 \quad \text{et} \quad c = 3.$

La règle (n° 100) donne immédiatement :

$$x = \frac{7 \pm \sqrt{49 - 24}}{4};$$

d'où $x = \frac{7 \pm 5}{4}, \quad x' = 3 \quad \text{et} \quad x'' = \frac{1}{2}.$

2° *Soit à résoudre l'équation*

$$4x^2 + 3x - 1 = 0.$$

La règle (n° 100) donne encore :

$$x = \frac{-3 \pm \sqrt{9 + 16}}{8},$$

$$x = \frac{-3 \pm 5}{8}, \quad x' = \frac{1}{4} \quad \text{et} \quad x'' = -1.$$

**102. — Résolution de l'équation : $x^2 + px + q = 0$.**

Lorsque $a$ coefficient de $x^2$ égale 1, on met l'équation $ax^2 + bx + c$ sous la forme $x^2 + px + q = 0$.

Pour la résoudre, faisons passer $q$ dans le second membre

$$x^2 + px = -q, \qquad (1)$$

en considérant le premier membre comme les deux premiers termes du carré d'un binôme $\left(x+\frac{p}{2}\right)^2 = x^2 + px + \frac{p^2}{4}$.

Pour avoir le carré parfait, ajoutons $\frac{p^2}{4}$ aux deux membres;

(1) devient $$x^2 + px + \frac{p^2}{4} = \frac{p^2}{4} - q,$$

ou $$\left(x+\frac{p}{2}\right)^2 = \frac{p^2}{4} - q.$$

Prenons la racine carrée des deux membres;

nous aurons: $$x + \frac{p}{2} = \pm\sqrt{\frac{p^2}{4} - q};$$

d'où $$x = -\frac{p}{2} \pm \sqrt{\frac{p^2}{4} - q}.$$

**103.** — On voit que les racines de l'équation :
$$x^2 + px + q = 0,$$
*égalent la moitié du coefficient de* x *changé de signe, plus ou moins la racine carrée de la différence du carré du demi-coefficient de* x *et du terme connu.*

**Application.** — *Soit à résoudre l'équation*
$$x^2 - 5x + 6 = 0,$$
on a donc : $p = -5$ et $q = 6$.

La règle (n° 103) donne :
$$x = \frac{5}{2} \pm \sqrt{\frac{25}{4} - 6},$$
d'où $$x' = 3 \quad x'' = 2.$$

## Exercices sur les équations du second degré.

**488.** $x^2 - 6x + 8 = 0.$

**489.** $x^2 - 4x + 3 = 0.$

**490** $x^2 - 8x + 12 = 0.$

**491.** $x^2 - 4x - 21 = 0.$

**492.** $x^2 - 8x + 15 = 0.$

**493.** $x^2 + 2x = 15.$

494. $x^2 - 10x + 25 = 0.$
495. $x^2 + 12x = 160.$
496. $x^2 + 6x = -9.$
497. $x^2 + 7x - 78 = 0.$
498. $x^2 - 42x + 440 = 0.$
499. $x^2 + 14x = 120.$
500. $x^2 - 32 = 4x.$
501. $x^2 + 4x - 21 = 8x.$
502. $x^2 + 24x = 15 + 10x.$
503. $x^2 + 20x = 23x + 18.$
504. $x^2 - 22x + 85 = 0.$
505. $x^2 + 140 = 90 - 26x.$
506. $x(x - 8) + 7 = 0.$
507. $x(x - 14) = 120.$
508. $x(x - 4) - 60 = 60 + x.$
509. $x(x + 12) + 35 = 0.$
510. $x(x + 10) + 9 = 0.$
511. $x(x + 15) + 100 = 0.$
512. $(x + 5)(x + 2) = 40.$
513. $(x - 4)(x + 6) = 75.$
514. $(x - 20)(x + 20) + 42x = 0.$
515. $(x - 8)(x + 1) = -18.$
516. $(x + 1)(x - 1) = 8x - 13.$
517. $(x + 2)^2 = 9 + x.$
518. $(x + 3)(x - 4) = 15x -$ [illegible]
519. [illegible] $x(x + 5) = 7x + x^2.$
520. $17x + 3(4 - x^2) = 2.$
521. $3x^2 - 10x + 3 = 0.$
522. $2x^2 - 9x - 5 = 0.$
523. $3x^2 + x = 2.$
524. $4x^2 + 9x + 2 = 0.$
525. $5x^2 + 10 = 27x.$
526. $7x^2 + 21x - 28 = 0.$
527. $2x^2 + 8x + 6 = 0.$
528. $(x - 16)(x + 16) = 40x.$
529. $4(x^2 + 1) = 17x.$
530. $24x^2 + 6x = 2x + 1.$
531. $16x^2 - 16x + 3 = 0.$
532. $13x - 4(2 - x^2) = 4.$
533. $(2x - 3)^2 = 8x.$
534. $x^2 + \frac{5}{32} = \frac{7x}{8}.$
535. $\frac{9}{x} - \frac{x}{3} = 2.$
536. $x + \frac{1}{x - 3} = 5.$
537. $2x^2 - \frac{11x}{10} = \frac{3}{10}.$
538. $\frac{2}{x} + \frac{3x}{x + 6} =$ [illegible]
539. $x\left(\frac{10}{3} + x\right) =$ [illegible]
540. $(x - 3)(x + 5) =$ [illegible]
541. $x\left(2x - \frac{x}{3}\right) =$ [illegible]

542. $\frac{15}{x} - \frac{72-6x}{2x^2} = 2.$

543. $\frac{x+1}{x} + 1 = \frac{x}{x-1}.$

544. $\frac{7}{x-2} + \frac{8}{x-5} = 3.$

545. $3x^2 = \frac{2}{5}\left(x + \frac{4}{5}\right) + x$

## § IV. PROBLÈMES DU SECOND DEGRÉ

**104.** — Un problème est du *second degré* lorsque sa résolution conduit à une équation du second degré, complète ou incomplète.

Comme pour les problèmes du 1er degré, la résolution de ceux du second degré comporte la mise en équations et la résolution de ces équations.

**Remarque.** — La nature de certains problèmes demande que la réponse soit un nombre entier ou un nombre positif; dans ce cas, on conserve les racines de l'équation qui conviennent, et on rejette les autres.

### Exemples de résolution.

**Problème I.** — *La surface d'un rectangle est 1232 mètres carrés : trouver ses deux dimensions, sachant que la largeur est les $\frac{7}{11}$ de la longueur.*

Soit $x$ la longueur ; la largeur sera $\frac{7x}{11}$, et nous aurons l'équation :

$$x \times \frac{7x}{11} = 1232,$$

$$7x^2 = 11 \times 1232,$$

$$x^2 = \frac{11 \times 1232}{7},$$

$$x = \pm\sqrt{11 \times 176}.$$

**Réponse** : La longueur est 44 mètres, et par suite, la largeur $= \frac{7}{11} \times 44 = 28$ mètres.

**Problème II.** — *Quel est le nombre dont les $\frac{3}{4}$ plus 9 multipliés par les $\frac{3}{4}$ moins 9 ont pour produit 1008 ?*

Soit $x$ ce nombre ; on a pour équation :

$$\left(\frac{3x}{4}+9\right)\left(\frac{3x}{4}-9\right)=1008,$$

$$\frac{9x^2}{16}-81=1008,$$

$$9x^2=16(1008+81),$$

$$x^2=\frac{16\times 1089}{9};$$

d'où

$$x=\pm\sqrt{16\times 121};$$

$$x'=44 \quad \text{et} \quad x''=-44.$$

Les nombres 44 et — 44 répondent à la question.

**Problème III.** — *Une somme de 400 fr. doit être distribuée à parts égales entre un certain nombre de personnes ; au moment du partage 5 se retirent, ce qui augmente de 4 fr. la part des autres. Combien y avait-il d'abord de partageants ?*

Soit $x$ le nombre demandé, $x-5$ sera le nombre de personnes qui ont pris part à la distribution.

$\frac{400}{x}$ représente la somme qu'aurait eue chaque personne si tout le monde avait pris part au partage, et $\frac{400}{x-5}$ représente ce que chacun de ceux qui restent a reçu, et ce nombre dépasse de 4 fr. le premier. On aura donc pour équation,

$$\frac{400}{x}=\frac{400}{x-5}-4,$$

$$400x-2000=400x-4x(x-5),$$

$$-2000+4x^2-20x=0,$$

$$x^2-5x-500=0,$$

$$x=\frac{5\pm\sqrt{25+2000}}{2}; \quad x'=25, \quad x''=-20.$$

La valeur $x''=-20$ n'est pas admissible.

## Problèmes du second degré.

**546.** Quel est le nombre dont les $\frac{2}{3}$ multipliés par les $\frac{3}{4}$ donnent 32 ?

**547.** Quel est le nombre d'œufs que contient un panier, sachant que le $\frac{1}{3}$ de ce nombre, multiplié par les $\frac{4}{5}$, donne 540 ?

**548.** Quel est le nombre dont les $\frac{4}{5}$ plus 10, multipliés par les $\frac{4}{5}$ moins 10, donnent 1500 ?

**549.** Un rectangle a pour surface 500 mèt. carrés ; trouver ses dimensions, sachant qu'elles sont dans le rapport de $\frac{4}{5}$.

**550.** Trouver 3 nombres pairs consécutifs, sachant que leur produit égale 4 fois leur somme.

**551.** Un nombre augmenté de 11, multiplié par ce même nombre diminué de 11, donne 320. Quel est ce nombre ?

**552.** Le produit de l'âge de deux personnes est 864. Quel est leur âge, sachant que leur rapport est $\frac{2}{3}$ ?

**553.** Calculez mon âge, disait un vieillard, sachant qu'en le multipliant par son tiers et par son septième et en divisant le produit par ses $\frac{5}{6}$, on obtient 280.

**554.** La somme de deux nombres est 25 et leur produit 154. Quels sont ces nombres ?

**555.** Trouver deux nombres dont la somme est 2 et le produit —143.

**556.** Deux élèves ont ensemble 22 fr. ; trouver ce que chacun possède, sachant que la somme des carrés de leur avoir est 250.

**557.** La somme des prix de 2 montres est 120 fr. ; trouver ces prix, sachant que leur produit diminué de 96 vaut 28 fois cette somme.

# EXERCICES SUPPLÉMENTAIRES

## CHAPITRE I

### CALCUL ALGÉBRIQUE

#### § I. Valeurs numériques.

**Trouver la valeur numérique des expressions suivantes :**

1. $5a + 3b - 7c + 2ab$ si $a = 4$, $b = 2$, $c = 1$.
2. $-15a + 20b + 3ab$ si $a = 1$, $b = 2$ et $a = 3$, $b = 4$.
3. $7a + 2ab - 12b$ si $a = 2$, $b = 1$ et $a = 10$, $b = 3$.
4. $18ab - 10a - 8b$ si $a = 12$, $b = 5$ et $a = 5$, $b = 12$.
5. $3a - 5b + 6c - ab + 2bc + ac$ si $a = 2$, $b = 4$, $c = 6$.
6. $5ab + 3bc - 2ac + a - b - c$ si $a = 1$, $b = 2$, $c = 0$.
7. $18abc - 13ac - 8ab - 5bc$ si $a = 0$, $b = 4$, $c = 3$.
8. $12a - 13b + 18ab + 16bc$ si $a = 12$, $b = 1$, $c = 0$.
9. $5xy + 1800x - 1500y + 50z$ si $x = 100$, $y = 1000$, $z = 1$.
10. $3x + 12y - 15z + 4xyz$ si $x = 5$, $y = 6$, $z = 8$.
11. $a^2 - b^2 + a^2b^2 + 49$ si $a = 5$, $b = 7$.
12. $3a^2 - 5ab + 6a^2b^2$ si $a = 2$, $b = 4$ et $a = 4$, $b = 2$.
13. $18abc - 13ac + 8ab - 5bc$ si $a = 1$, $b = 4$, $c = 3$.

14. $12ab - 5a^2 + 6b^2 - 3ab^2 + a^2b + 3$ si $a = 3$, $b = 1$.

15. $15a^2b^2 + 30a^4b^2 - 60b^4c^2$ si $a = 4$, $b = 2$, $c = 0$.

16. $3a^2b^3c^4 - 15a^4b^3c^2 + 8a^3b^4c^3 - 1790$ si $a = 2$, $b = 4$, $c = 1$.

17. $a^4 + 2a^3b + 3a^2b^2 + 4ab^3 + b^4$ si $a = 1$, $b = 2$.

18. $6ab^2c^3 - 3a^2bc^3 - 4a^2b^3c + ab^3c^3$ si $a = 1$, $b = 2$, $c = 3$.

19. $3ab + 5a^2b^2 + 3a^3b^3 + 20$ si $a = -2$, $b = 1$.

20. $a^4 - b^4 + 18a^2b^2 - 5a^3b^3$ si $a = 5$, $b = -5$.

21. $3ab^4 - a^4b + 3a^2b^3 - 6a^3b^2$ si $a = -1$, $b = 1$.

22. $60a^2b^3 - 40a^3b^2 + a^4 - b^4$ si $a = -3$, $b = -2$.

23. $x^4 + 4x^3y + 6x^2y^2 + 4xy^3 + y^4$ si $x = 8$, $y = -2$.

24. $x^5 - 5x^4y + 10x^3y^2 - 10x^2y^3 + 5xy^4 - y^5$ si $x = 3$, $y = 2$.

25. $8a^4b - 7a^3b^2 + a^2b^3 - 5ab^4 + b^5$ si $a = -10$, $b = -3$.

26. $a^5b^2 - a^4bc^3 - a^3b^3c^2 + a^2b - ab^4 + ac^3 - b^2c^2$
si $a = -1$, $b = -2$, $c = 0$.

27. $a^4b^4 - a^3c + a^3b^3 - a^2bc + a^2b^2 + a^2c^2 + abc^3 + ac^4$
si $a = -1$, $b = 0$, $c = -2$.

28. $8a^3b - 16a^2b^2 + 4a^2b^3 + b^4$ si $a = \frac{1}{2}$, $b = 5$.

29. $a^2b^3 - 5a^3b^2 + 40a^3 + 2b^2$ si $a = \frac{1}{2}$, $b = -4$.

30. $4a^2b^3 - 6a^3b^2 + a^4b - 64ab^4$ si $a = 4$, $b = -\frac{1}{4}$.

## § II. Addition.

**Additionner les polynômes suivants :**

31. $(6a + 4m - 2x) + (8a - 6b - 3m) + (10b + m - 4x)$.

32. $(3p + 4q - x - 18y) + (3q - 4m + 3x + 9y)$
$+ (2m - p - 7q + 6y)$.

33. $(5x + 3y - 2z) + (2y - 3x - 5z) + (2x - 5y + 3z)$
$+ (4z - 4x)$.

34. $(3a^2 + ab - 2ab^2 + b^3) + (3ab^2 - 2a^2b + b^3)$
$+ (a^2b - ab^2 + 3b^3)$.

35. $(3x^2 + 2x + 4) + (7x^2 + 4x - 9) + (8x^2 - 12x - 4)$
$+ (3x^2 - 7x - 2)$.

36. $(3a^4b^2 + 8a^3b^3 + 1) + (3a^4b^2 - 9a^3b^3) + (5a^3b^6 - 1)$.

37. $(18a^4b - c^2) + (16a^3b^2 - 4c^2) + (-2a^4b + 8a^3b^2)$.

38. $(3a^2b - 3ab^2 + b^3) + (a^2b - b^3 + ab^2)$
$+ (ab^2 - 2a^2b - b^3) + (b^3 - ab^2)$.

39. $(x^2y - x^2z + xy - xz) + (x^2y - xy + xz - x^2z)$
$+ (2xy + 2xz - x^2y) + (2x^2z - xy - 2xz)$.

40. $(a^2bc - ab^2c - abc^2) + (2ab^2c - abc^2 - a^2bc)$
$+ (ab^2c + abc^2 - 2a^2bc) + (a^2bc - ab^2c + abc^2)$.

41. $\left(a^2 - b^2 + \frac{c^2}{6}\right) + \left(a^2 + b^2 - \frac{c^2}{3}\right) + \left(b^2 - a^2 + \frac{c^2}{6}\right)$.

42. $\left(\frac{2a^3b}{3} - 5a^2b^2\right) + \left(\frac{3a^2b^5}{4} - 4a^3b\right) + \left(c^4 - \frac{a^3b}{6} - 3a^2b^5\right)$.

43. $(3a + 5b - c) + (2a - 4b + c) + \left(\frac{b}{2} - a + \frac{c}{3}\right)$.

44. $\left(\frac{a^2}{2} - \frac{b^2}{3} + \frac{c^2}{4}\right) + \left(\frac{b^2}{2} - \frac{c^2}{3} + \frac{a^2}{4}\right) + \left(\frac{c^2}{2} + \frac{a^2}{3} + \frac{b^2}{4}\right)$.

45. $(3x + 4y + 5z) + \left(\frac{x}{3} - \frac{y}{4} - \frac{z}{5}\right) + \left(\frac{8x}{3} - 2y - 3z\right)$.

## § III. Soustraction.

**Effectuer les soustractions suivantes :**

46. $(2a - 3b + 8c - 23x) - (a + 2b - 4c - 20x)$.

47. $(2p - 3q - 6x + 4y + 5z) - (-4p - 7q - 6x + 3y - 5z)$.

48. $(3a^2 - 2ab + b^2 - 3c^2) - (a^2 - 5ab + 3b^2 - 2c^2)$.

49. $(7x^3 + 2x^2 - 5x + 4) - (5x^3 + 6x^2 - 2x - 6)$.

50. $(5x^2 - 10xy + 5y^2 - 7) - (4x^2 - 8xy + 4y^2 - 9)$.

51. $(3x^2y - 3xy^2 + y^3 + 3d) - (x^2y + 2xy^2 + 3y^3 + 4d)$.

52. $(12a^2 - 1 + 3a + b) - (6a^2 - 4 - 4a + 3b)$.

53. $(3a^4b^2 - 2a^3b^3 + 4a^2b^4 - 3ab^5 + 2b^6)$
$- (a^4b^2 - ab^5 + 2b^6 + 3a^2b^4 - 2a^3b^3)$.

54. $(3a^4b^4 - 4a^3b^4 + 5a^2b^5 - 2ab^5 + b^6)$
$- (5a^2b^5 - 4ab^5 - 5a^3b^4 + 3a^4b^4 - b^6)$.

55. $(3a^4b^3c^2 - 4a^3b^3c^3 - 5a^2b^4c^2 + 4abc)$
$- (a^2b^4c^2 + 4abc - 4a^3b^3c^3 - a^4b^3c^2)$.

56. $\left(\frac{1}{2}a^2x + \frac{1}{4}ax^2 + \frac{2}{3}x^3\right) - \left(-\frac{3}{4}a^2x + \frac{1}{3}ax^2 - \frac{5}{8}x^3\right)$.

57. $\left(8a^5b^3x - 16a^4b^2x^2 - \frac{7a^3bx^3}{9}\right) - \left(\frac{a^3bx^3}{18} - \frac{5a^3bx^3}{6} - 5a^5b^3x\right)$.

58. $\left(\frac{5}{2}a^2 + 3ab - \frac{7}{3}b^2\right) - \left(2a^2 - ab - \frac{1}{2}b^2\right)$.

59. $\left(7x^2y^5 - 3x^2y^3 - \frac{7}{8}x^5\right) - \left(\frac{5}{4}x^5 - 4x^2y^3 + 8x^2y^5\right)$.

60. $\left(\frac{5}{2}x - 76 - 3yz + \frac{z}{2}\right) - \left(\frac{3}{4}x - 56\frac{4}{5} + \frac{z}{4} - 3yz\right)$.

**Effectuer les opérations indiquées :**

61. $(6m - 4p + q) + (3a - 2q) - (m - 3p - q) - (a + 4m - 8x)$
$+ (7x - 2a - m + q)$.

62. $(3a - 5b - 7x + 8y) - (a + 6x - 3y) - (12x + 11y - 5b)$.

63. $x^4 - (x^3 + 3ax^2 + a^2x + a^3) - (x^3 - 4a^3 - a^2x - 3ax^2)$.

64. $(3a^2 - 7ax + 2x^2) - (a^2 + 2ax - x^2) - (-7ax + 3x^2)$.

65. $6x^2 - (3xy + 2xz) - (2xz - 3xy) + (5xz - 7x^2)$.

66. $2y-\left(\frac{1}{2}ax+\frac{1}{}b\right)+\left(\frac{1}{3}ax-\frac{1}{2}b\right)-\left(\frac{1}{6}b-\frac{1}{6}ax\right)$.

67. $\left(8\frac{1}{2}a^2c-7b^2\right)-\left(3\frac{3}{4}a^2c-2\frac{1}{2}b^2\right)-\left(3\frac{1}{2}a^2c-4\frac{1}{2}b^2\right)$.

68. $(7x^2-5xy+6y^2)-(2x^2+3xy-y^2)-(3x^2-2xy)$
$+(4xy-7y^2)$.

69. $9m-(5n+2p)+9n-(5p+2m)+9p-(5m+2n)$.

70. $9a^3-(18a^2b+15ab^2-17b^3)-(7b^3-8a^2b-10ab^2)$.

71. $a+b-c-[2a-(b-3c)]$.

72. $5x-[3x-(2x+3)]$.

73. $3x-[y-(x+y-3)]$.

74. $6a-[4b-(4a+4b-6a)]$.

75. $3ac-(ab+d)+[4ac+d-(2ab-4d)]$

## § IV. Multiplication.

**Effectuer les produits suivants :**

76. $(6a-a^2b+2a^3b^2-14b^3)(-4ab^2)$.

77. $(3ax^2-7ax^3-5b^3x^2+9x^4)(-7ab^2x^3)$.

78. $(3ac+4ab+7bc+6abc)(3abc)$.

79. $(14a^2b-3a^2c-2b^2c+4b^2c^2)(-8abc^2)$.

80. $(-6a^2x^2y-4ax^2y^2-7a^2xy^2)(-9a^2xy)$.

81. $(-ab)(ab^2)(-a^2b)(-a^2b^2)$.

82. $(-3x^2)(-4x^3)(-5x)(-1)$.

83. $(2a+2b)(a+2c)$.

84. $(a^2+x^3)(a^2-x^3)$.

85. $(2+a^2b)(2-a^2b)$.

**86.** $(a + b - c)(a - b + c)$.

**87.** $(3x - 4y)(x - y)$.

**88.** $(4a - 5b)(3a + 4b)$.

**89.** $(4m + 9n)(m - 5n)$.

**90.** $(3a^2 - 2b^2)(2a^2 - b^2)$.

**91.** $(5x^2 - 3xy - 2y^2)(x^2 - 2xy)$.

**92.** $(8a^3 - 4a^2b + 2ab^2 - b^3)(2a - 3b)$.

**93.** $(3x^2 - 5xy + 2y^2)(x^2 - 7xy)$.

**94.** $(x^6 + 3x^3 + 9)(x^3 - 3)$.

**95.** $(27a^6 - 9a^4b^4 + 3a^2b^8 - b^{12})(3a^2 + b^4)$.

**96.** $(16a^4 + 4a^2b^4 + b^8)(4a^2 - b^4)$.

**97.** $(49a^6 + 56a^3b + 64b^2)(7a^3 - 8b)$.

**98.** $(9x^2 + 3ax + a^2)(3x - a)$.

**99.** $(a^5 + a^4b + a^3b^2 + a^2b^3 + ab^4 + b^5)(a - b)$.

**100.** $(-x^4 - y^4 + x^3y + xy^3 - x^2y^2)(-x - y)$.

**101.** $(x^3 - ax^2 + a^2x - a^3)(x + a)$.

**102.** $(a^4 + a^3x + a^2x^2 + ax^3 + x^4)(x - a)$.

**103.** $(ax + a^2x^2 + a^3x^3)(1 - ax)$.

**104.** $(a^4 - a^3b + a^2b^2 - ab^3 + b^4)(a + b)$.

**105.** $(x^9 - x^6y^3 + x^3y^6 - y^9)(x^3 + y^3)$.

**106.** $(x^4 - 2x^3y + 4x^2y^2 - 8xy^3 + 16y^4)(x + 2y)$.

**107.** $(x^2 + y^2 + xy)(x^2 + y^2 - xy)$.

**108.** $(x^2 - 2xy + y^2)(x^2 + 2xy + y^2)$.

**109.** $(3a^2 + 2ab + b^2)(-3a^2 + 2ab - b^2)$.

**110.** $(3 - 2x + 4x^2)(1 + x - 2x^2)$.

**Effectuer les opérations indiquées :**

111. $(a+x)(a+2x)(a+3x)(a+4x)$.
112. $(2a+x)(3a+2x)(4a+3x)(5a+4x)$.
113. $(a^2+ax+x^2)(a^2-ax+x^2)(a-x)$.
114. $(x^4+x^3+x^2+x+1)(x-1)(x+1)(x+2)$.
115. $(2x-3y)^2(2x+3y)$.
116. $(2xy-3z)(y-z)^2$.
117. $(m+n)^2-(m-n)^2+(m+n)(m-n)$.
118. $(4x^2+4a^2x+a^4)(16x^4+8a^4x^2+a^8)(4x^2-4a^2x+a^4)$.
119. $[x^2+(n-1)x+1](x+1)$.
120. $[bx^2-(b-c)x+b](x+1)$.
121. $[nx^2+(a+n)x+n](x-1)$.
122. $x-[2x-x+3(2x+y)-3(2x+y)]$.
123. $3[a-2(b-c+d)]$.
124. $(a-b)(a+b-c)+(b-c)(b+c-a)+(c-a)(c+a-b)$.
125. $(x^2-y^2)(x^2+y^2)(x^4+y^4)(x^8+y^8)$.
126. $(x^2+x+1)(x^2-x+1)(x^4-x^2+1)$.
127. $(2a-b)(2a+b)+ab-b(a-b)$.
128. $3(a^2-b^2)-[2a^2-2b^2-2ab-2b(b-a-b)]$.
129. $(x-y)(x+y)-[xy-(xy-x^2)]$.
130. $[2x+y-(x+2y)]\cdot[3x-2y-(2x-3y)]$.

## §. V. Division.

**Effectuer les divisions suivantes :**

131. $4a^2bc^3 : 2abc^2$.
132. $6a^3x^3y : 3ax^2$.
133. $5a^4b^3c^2d : -ab^2$.

134. $-8a^4b^6c^3dx : 4a^3b^3dx.$

135. $-104x^3y^2z : 13x^2z.$

136. $-143a^4b^5c^2x^3y : 11a^4b^2x.$

137. $-216a^3b^2dx^3 : 9abx^2.$

138. $-12a^3c^4x^3 : 2ac^3.$

139. $-128m^4n^6p^5q^2x^3 : -32m^2n^3p^2x.$

140. $-105a^3b^4x^4y^3 : -15ab^3x^3y^3.$

141. $-195a^4b^5c^3d^4 : -13a^4b^2d^3.$

142. $-360a^3x^4y^3z^3 : 12a^3x^3y^2z.$

143. $(24ab - 18ac + 30ad) : 6a.$

144. $(18m^4 + 15m^3 - 9m^2 + 6m) : 3m.$

145. $(40ax^4 + 32a^2x^3 - 48a^3x^2 - 16ax) : -8ax.$

146. $(35a^4b^3 - 42a^4b^3c - 28a^3b^4 + 21a^2b) : -7a^2b.$

147. $(16a^3b^2x - 8a^3cx^3 - 24a^2dx + 16a^2x) : 4a^2x.$

148. $(-12a^3x^2y - 18a^3x^3y - 16axy^3 + 24a^2x^2y^2) : -2a$[illegible]

149. $(-112a^3b^2c^3 + 24a^3bc^3 + 16ab^3c^3 - 32ab^3c^4) : -8a$[illegible]

150. $(54a^4x^2y^3 - 36a^3x^4y^5 + 63a^4x^3y^6) : -9a^2xy.$

151. $(am - an) : (m - n).$

152. $(mx - nx - my + ny) : (m - n)$

153. $(ad + bd - cd - af - bf + cf) : (d - f).$

154. $(a^2 + 4ab + 3b^2) : (a + b).$

155. $(2a^3 - 16a + 6) : (a + 3).$

156. $(5x^6 + 15x^5 + 5x + 15) : (x + 3).$

157. $(35a^3 + 47a^2 + 13a + 1) : (5a + 1).$

158. $(3a^2 + 14ax + 15x^2) : (a + 3x).$

159. $(6a^4 + a^2x - 15x^2) : (2a^2 - 3x).$

160. $(6x^3 + 2xy^2 - 20y^4) : (2x + 4y^2).$

## §. VI. Décomposition en facteurs.

161. $ab - ac + ad.$

162. $12a + 15b - 3d + 9m.$

163. $12xy + 15xz - 18ax + 24bx.$

164. $25a^2 + 30a^4 - 35a^6.$

165. $12x^2y - 18xy^2 + 24xy.$

166. $6ab + 15ac - 12ad - 9am.$

167. $12a^2x^3 - 30a^3x^2 + 18ax^4 - 42a^4x.$

168. $84x^5y^4 - 108x^4y^5 + 420x^6y^3 - 228x^7y^6.$

169. $28x^3y^3z - 21x^3yz^3 + 42xy^3z^3 - 35x^2y^2z^2.$

170. $6a^3b^2x + 2a^2b^3y + 12a^2b^2x - 4a^3b^2y^2 - 8a^2b^2y^2.$

171. $m^2 + 2mn + n^2.$

172. $a^2 + 4ab + 4b^2.$

173. $9a^2 - 12ab + 4b^2.$

174. $4a^2 + 12ab + 9b^2.$

175. $x^2 - 4xy + 4y^2.$

176. $a^2 - 2a + 1.$

177. $x^2 + 8x + 16.$

178. $a^4 - 2a^2 + 1.$

179. $x^4 - 4x^2 + 4.$

180. $a^2 - 4b^2.$

181. $4a^2 - 9b^2.$

182. $x^2 - y^4.$

183. $a^2b^2 - c^2.$

184. $9a^2 - 16.$

185. $x^2 - \frac{1}{9}.$

186. $a^2 + a + \frac{1}{4}.$

187. $ab^2 - 2abc + ac^2.$

188. $bx^2 + 2bxy + by^2.$

189. $2a^2c - 4abc + 2b^2c.$

190. $3x^2 - 6xy + 3y^2.$

## § VII. Fractions.

### Simplifier les expressions suivantes :

191. $\frac{10a^2bc}{5ab}.$

192. $\frac{12a^2x}{28ax^2}.$

193. $\frac{14a^2bc^2}{7abcd}.$

194. $\frac{15amx^3}{40bmx}.$

195. $\dfrac{3abx}{12bmx}$.

196. $\dfrac{-12acx^2}{4a^2c^2x}$.

197. $\dfrac{-32x^2yz}{-64xyz^2}$.

198. $\dfrac{51a^2b^3cd^2x^2}{17ab^2c^2dx^2}$.

199. $\dfrac{84a^3b^2x}{35a^4bx^2}$.

200. $\dfrac{108m^3n^4p^2r^3}{36m^4n^4p^3r^2}$.

201. $\dfrac{(15a^2b^2c)\,(7bc^2)}{(14c^3)\,(5a^2d)}$.

202. $\dfrac{7a-7b-7c}{21a-21b-21c}$.

203. $\dfrac{mxy-nxy}{m-n}$.

204. $\dfrac{35xz-45yz}{7x-9y}$.

205. $\dfrac{28x^3-49x^2+77x}{4x^2-7x+11}$.

206. $\dfrac{2a^2+4ab}{3ab+6b^2}$.

207. $\dfrac{14x^5+7x^4y}{10x^4z+5x^3yz}$.

208. $\dfrac{x^2-4a^2}{bx+2ab}$.

209. $\dfrac{x^2-2xy}{xy-2y^2}$.

210. $\dfrac{42a^3-30a^2m}{35am^2-25m^3}$.

211. $\dfrac{156a^3b^2-104a^2b^3}{351a^3bx-234ab^2x}$.

212. $\dfrac{10x^2-2xy}{15xy-3y^2}$.

213. $\dfrac{3a^2b-5ab^2}{3acd-5bcd}$.

214. $\dfrac{39x^2y^3-36xy^3}{65x^3yz-60x^2yz}$.

215. $\dfrac{16x^3y-20x^2z}{28x^2y^3z^2-35xy^2z^3}$.

216. $\dfrac{a-b}{a^2-b^2}$.

217. $\dfrac{2a-1}{4a^2-1}$.

218. $\dfrac{8a^3+1}{64a^6-1}$.

219. $\dfrac{a^3+3a^2}{a^2-9}$.

220. $\dfrac{a^2b-ab}{a^2-1}$.

221. $\dfrac{a^2-1}{ab+b}$.

222. $\dfrac{9a^5-4a}{6a^2b^2-4b^2}$.

223. $\dfrac{a^2+ab}{a^2-ab}$.

224. $\dfrac{7a^3x+7ax^3}{a^4-x^4}$.

225. $\dfrac{64m^2-64n^2}{8m^2n-8mn^2}$.

226. $\dfrac{4(a+b)^2}{5(a^2-b^2)}$.

227. $\dfrac{a^2-2a+1}{a^2-1}$.

228. $\dfrac{a^4-x^4}{a^3x-ax^3}$.

229. $\dfrac{a^3+b^3}{a^2-b^2}$.

230. $\dfrac{x^2+4x+4}{x^2-4}$.

## § VIII. Addition et Soustraction.

231. $\frac{a}{2} - \frac{a}{4}$.

232. $\frac{m}{a} + \frac{n}{a}$.

233. $\frac{b}{a^2} + \frac{1}{a}$.

234. $\frac{a}{bc} - \frac{1}{b}$.

235. $\frac{m+n}{2} - \frac{m-n}{3}$.

236. $\frac{a+b}{2m} + \frac{a-b}{2m}$.

237. $m - \frac{m+n}{2}$.

238. $m - \frac{m-n}{2}$.

239. $x - \frac{x}{x-1}$.

240. $x - \frac{x^2-1}{x}$.

241. $2x + \frac{3-2x}{5}$.

242. $\frac{a^2}{a-b} - \frac{b^2}{a-b}$.

243. $\frac{5a+7b}{6} - \frac{a+2b}{3}$.

244. $1 + \frac{a-b}{a+b}$.

245. $1 - \frac{a-b}{a+b}$.

246. $\frac{(x-y)^2}{4xy} + 1$.

247. $\frac{(a+b)^2}{4ab} - 1$.

248. $a - 1 + \frac{a^2-1}{a+1}$.

249. $x + y + \frac{x^2-y^2}{x-y}$.

250. $a - x + \frac{x^2}{a+x}$.

251. $a - x^2 + \frac{2a^2}{a+x^2}$.

252. $\frac{4-ax}{2+ax} - 2$.

253. $2 - \frac{4-ax}{2-ax}$.

254. $\frac{x^2-2x+4}{x+2} - 2 - x$.

255. $\frac{1}{a-b} + \frac{1}{a+b}$.

256. $\frac{a}{a-b} + \frac{a}{a+b}$.

257. $\frac{c}{a-b} - \frac{c}{a+b}$.

258. $\frac{a^2}{a+b} - \frac{b^2}{a+b}$.

259. $\frac{a}{b} + \frac{b}{a} + 2$.

260. $\frac{c}{b} - \frac{c}{a} - \frac{b}{a} + 1$.

261. $\frac{1}{ab} + \frac{1}{ac} + \frac{1}{bc}$.

262. $\frac{a-b}{b} + \frac{2a}{a-b}$.

263. $\frac{1}{x+y}+\frac{2y}{x^2-y^2}$.

264. $\frac{1}{x-y}-\frac{1}{x+y}$.

265. $\frac{a}{a-x}-\frac{x}{x-a}$.

266. $\frac{a}{a-b}+\frac{b}{b-a}$.

267. $\frac{1+3x}{1-3x}-\frac{1-3x}{1+3x}$.

268. $\frac{a}{x(a-x)}-\frac{x}{a(a-x)}$.

269. $\frac{1+x}{1-x}+\frac{1-x}{1+x}$.

270. $\frac{m-n}{m+n}-\frac{m+n}{m-n}$.

## § IX. Multiplication et Division.

### Multiplications.

271. $\frac{a}{2m}\times 4m$.

272. $\frac{a}{x}\times\frac{x}{a}$.

273. $\frac{2a}{3b}\times\frac{6bc}{5a^2}$.

274. $\frac{a^2}{bc}\times\frac{b^2}{ac}\times\frac{c^2}{ab}$.

275. $\frac{a-b}{2ab}\times 2b$.

276. $\frac{a+b}{m-n}\times\frac{a-b}{m+n}$.

277. $\left(a+\frac{b^2-a^2}{a}\right)a$.

278. $\left(a-\frac{b}{3ax}\right)3ax$.

279. $\left(1+\frac{b}{a}\right)\frac{a-b}{2b}$.

280. $\frac{a+b}{a-b}\times\frac{a-b}{2(a+b)}$.

281. $\left(\frac{a}{b}+\frac{c}{d}\right)bd$.

282. $\left(\frac{ax}{a+x}\right)\left(\frac{x}{a}-\frac{a}{x}\right)$.

283. $\left(a+\frac{ab}{a-b}\right)\left(b-\frac{ab}{a+b}\right)$.

284. $\left(a+\frac{m}{x}\right)\left(a-\frac{m}{x}\right)$.

285. $\left(2x-\frac{a}{b}\right)\left(2x+\frac{a}{b}\right)$.

286. $\left(a^2 - x + \frac{2x^2}{a^2+x}\right)(a^2+x).$

287. $\frac{a+2}{a^2-4x^2}(a+2x).$

288. $\left(a - \frac{ax^2}{a^2-x^2}\right)(a-x).$

289. $\left(1 + x + \frac{3+x^2}{1-x}\right)(1-x^2).$

290. $\left(x - \frac{x}{1-x}\right)\left(\frac{1-x}{2} - x\right).$

## Divisions.

291. $a : \frac{a}{5}.$

292. $\frac{2a}{b} : a.$

293. $\frac{a}{b} : \frac{b}{a}.$

294. $2am : \frac{2m}{b}.$

295. $\frac{4a^2b}{5x^2y} : \frac{2ab^2}{15xy^2}.$

296. $\frac{2a^2b^3c^4}{4x^2y^3z^4} : \frac{4a^4b^3c^2}{3x^4y^3z^2}.$

297. $\frac{a}{a+b} : \frac{a}{b}.$

298. $\frac{a+b}{a-b} : (a+b).$

299. $\frac{1}{x^2-y^2} : \frac{1}{x-y}.$

300. $(x+y) : \frac{x+y}{x-y}.$

301. $(a^2-b^2) : \frac{a+b}{a-b}.$

302. $(x^2-y^2) : \left(\frac{1}{x} + \frac{1}{y}\right).$

303. $\frac{a^2-b^2}{c^2-d^2} : \frac{a-b}{c+d}.$

304. $\left(a + \frac{b}{c}\right) : \left(a - \frac{b}{c}\right).$

305. $\frac{6(ab-b^2)}{a(a+b)^2} : \frac{2b^2}{a(a^2-b^2)}.$

306. $\frac{a^2-4x^2}{a^2+4ax} : \frac{a^2-2ax}{ax+4x^2}.$

307. $\left(\frac{1}{x+y} + \frac{1}{x-y}\right) : \frac{2y}{x^2 - y^2}$.

308. $\left(\frac{x^2}{a^2} - \frac{a^2}{x^2}\right) : \left(\frac{x}{a} + \frac{a}{x}\right)$.

309. $\left(\frac{1}{x^2} - \frac{1}{a^2}\right) : \left(\frac{1}{x} - \frac{1}{a}\right)$.

310. $\left(a^2 - \frac{1}{b^2}\right) : \left(a - \frac{1}{b}\right)$.

---

# CHAPITRE II

## ÉQUATIONS DU PREMIER DEGRÉ

### § I. Équations du premier degré à une inconnue.

**311.** $5x + 8 = 8x + 2$.

**312.** $9 + 9x = 117 - 3x$.

**313.** $21 - 7x = 41x - 123$.

**314.** $11x - 7 = 6x + 28$.

**315.** $2x + 17 = 3x + 2$.

**316.** $70 - 3x = 14 + x$.

**317.** $100 - 5x = 4x - 71$.

**318.** $500 - 24x = -4 - 3x$.

**319.** $x - 46 = 3x - 92$.

**320.** $5x - 1 = 4x + 39$.

**321.** $3x + 100 = 5(200 - 3x)$.

**322.** $x + 1 = 6(x - 39)$.

**323.** $2(9x - 49) = 15x + 46$.

**324.** $50 - x = 3(x - 46)$.

**325.** $4(11x - 99) = 1584 - x$.

**326.** $7(60 + x) = 19x - 84$.

**327.** $3(x + 25) = 10x - 121$.

**328.** $5(20 - x) = 4(2x - 1)$.

**329.** $3(x - 10) = 5x - 26$.

**330.** $18x + 5 = 3(4 - x)$.

**331.** $60x + 1 = 3(4x + 3)$.

**332.** $5(x - 12) = -8 - 125x$.

**333.** $\frac{3x}{4} - \frac{4x}{5} + 8 = x - 55$.

**334.** $\frac{x}{4} + \frac{x}{6} + \frac{x}{8} = x - 11$.

335. $\frac{x}{9} + \frac{x}{4} + 2 = \frac{5x}{12}$.

336. $\frac{7x}{12} - \frac{3x}{4} + 56 = x$.

337. $2x + \frac{3x}{4} = 3x - 25$.

338. $\frac{x}{2} + \frac{2x}{3} - \frac{3x}{4} = 5$.

339. $\frac{x}{4} + \frac{5x}{6} + 26 = 0$.

340. $x - \frac{14x}{15} = \frac{x}{9} - 38$.

341. $\frac{5x}{11} - x = 3(x - 91)$.

342. $x + \frac{2x}{9} - 13 = \frac{x}{2}$.

343. $\frac{2x}{5} - \frac{x}{4} + x = 23$.

344. $\frac{5x}{3} - \frac{5x}{7} + 20 = 0$.

345. $3x + 104 = \frac{x}{2} + \frac{x}{3}$.

346. $22 - \frac{4x}{9} + \frac{3x}{7} = \frac{x}{3}$.

347. $\frac{x}{9} + \frac{13x}{10} + \frac{5x}{18} = 152$.

348. $\frac{x}{5} + \frac{2x}{3} - \frac{x}{8} = 89$.

349. $\frac{3x}{5} - \frac{5x}{7} = \frac{x}{3} - 47$.

350. $\frac{7x}{24} + \frac{x}{6} - \frac{1}{2} = x - 7$.

## § II. Équations du premier degré à deux inconnues.

351. $x + 2y = 5$. $2x + y = 7$.

352. $x + y = 9$. $20x - 3y = -4$.

353. $3x - 2y = 12$. $x + 5y = 38$.

354. $x + 2y = 23$. $2x - y = 11$.

355. $3x - y = 30$. $x + 5y = 26$.

356. $12x - 5y = 131$. $2x + 3y = 41$.

357. $2x - 3y = -25$. $4x - y = 25$.

358. $5x - y = 23$. $5y - 9x = 13$.

359. $x + 5y = 100$. $25x - 6y = 11$.

360. $x - y = -18$. $10x - 2y = -12$.

361. $x + 3y = 10x + 60$. $y - 9x = x - 1$.

362. $y - 3x = -8$. $3y - 5x = y - 3$.

363. $20x - 33y = 0.$
$x - y = y - 7.$

364. $x - 30 = 35 - y.$
$18x = 19y + 60.$

365. $x - 12y = y - 2.$
$15x - 2y = 549.$

366. $x + 3y = 75.$
$5x - 41y = x - 336$

367. $3x - 10y = 33.$
$7y + x = 10y + 14.$

368. $7x - 2y = 17.$
$y - 3x = x - 16.$

369. $8x - 3y = -64.$
$2y - 79 = 3x - 13.$

370. $21x - 2y = 47.$
$3(y - 47) = x + 2.$

371. $3x - 4y = 17.$
$2(y + 4x) = 11 + 3x.$

372. $17x + y = 13.$
$2x - 3y = 14.$

373. $5x + 29y = 9.$
$19y - x = 23.$

374. $x - 5 = 6(6 + y).$
$2x + 3 = y + 19.$

375. $12x + 11y = 6.$
$3y - 2(x - 8) = 44.$

376. $10x - 3(y - 3) = 130.$
$10y + 9x = 20.$

377. $2x + 3y = 16.$
$5y - (1 + x) = 56.$

378. $2x - 3y = -49.$
$5y - (x - 8) = 64.$

379. $3x + 2y = -5.$
$10y - 3(x - 1) = 248.$

380. $x + 5y = 69.$
$y - 5(x - 1) = 128.$

381. $x - (y - 9) = 89.$
$40x + 19y = 250.$

382. $35x - 47y = 3160.$
$7x + 19y = -220.$

383. $2x + 5y = 69.$
$y - 4(x - 7) = 67 - 3x.$

384. $4x - 99y = 499.$
$75y + 2x = 125.$

385. $33x + y = 101.$
$5y - 333x = 1999.$

386. $x + \frac{3y}{7} = 17.$
$y - \frac{5x}{8} = 16.$

387. $\frac{3x}{10} - \frac{y}{3} = 9.$
$\frac{x}{4} + \frac{y}{3} = 13.$

388. $\frac{x}{5} + 12 = \frac{y}{4} + 10.$
$\frac{2x}{3} - 2 = \frac{3y}{5} - 4.$

389. $\frac{5y}{16} - 1 = x - 3.$
$\frac{2x}{7} + 8 = \frac{15y}{16} - 5.$

390. $\frac{3x}{4} - \frac{4y}{5} = 91.$
$\frac{x}{10} + \frac{5y}{4} = -15.$

## §. III. Équations du premier degré à trois inconnues.

391. $x + y + z = 2.$
$2x + 3y + 5z = 11.$
$x - 5y + 6z = 29.$

392. $2x + y - z = 15.$
$5x - y + 5z = 16.$
$x + 4y + z = 20.$

393. $2x - y + z = 16.$
$3x + 2y - z = 5.$
$x - 4y + 2z = 25.$

394. $x - 2y - 10z = 13.$
$2x + y + 5z = 6.$
$3x + 3y + z = 31.$

395. $x + y + 2z = 3.$
$2x + 3y + 4z = 4.$
$5x - 4y - 3z = 20.$

396. $x + 2y - 3z = -16.$
$3x + y - 2z = -10.$
$2x - 3y + z = -4.$

397. $2x + y + z = 24.$
$x - 2y - z = 2.$
$3x - 4y - 3z = 8.$

398. $5x - 4y + 3z = 28.$
$x + 5y + z = -2.$
$2x - y + z = 8.$

399. $x + y - z = 25.$
$x - y - z = 5.$
$2y + 2z - x = 10.$

400. $x + 5y + 3z = 6.$
$3x + 15y - 4z = -8.$
$y - 2x - 5z = 1.$

401. $x + y - z = 0.$
$2x - y + z = 9.$
$5x - 2y - z = -6.$

402. $4x + y + z = 44.$
$10x - y - 2z = -4.$
$2y - x + 4z = 84.$

403. $3x + y + z = 0.$
$x - y + 9z = 2.$
$x + 4y - z = 17.$

404. $3x - y + z = 29.$
$x + 3y + 30z = 6.$
$y - x - z = -17.$

405. $20x - 2y - z = 20.$
$15x + y + z = 5.$
$3y - 15x - 2z = 55$

406. $5x - 8y - 6z = 0.$
$3y - x + z = 10.$
$x - 2y - 5z = 1.$

**407.** $x + y - 2z = 9.$
$2x - y + 4z = 4.$
$2x - y - 6z = -1.$

**408.** $3x + y - z = 3.$
$2y - 6x + z = 8.$
$18x - 5y + 2z = -10.$

**409.** $5x + y - 2z = 3.$
$y - 15x + 6z = 3.$
$2z + 10x - y = 0.$

**410.** $5x + 10y - z = 2.$
$20y - x + 2z = 9.$
$3x - 100y + 5z = 13.$

## § IV. Problèmes du premier degré à une inconnue.

**411.** Si l'on ajoute 153 à un nombre, on obtient une somme qui vaut 10 fois le nombre. Quel est ce nombre ?

**412.** Au quintuple d'un nombre on retranche 26; il reste le triple du nombre. Quel est-il ?

**413.** Trouver un nombre tel que multiplié par 8, puis le résultat augmenté de 21, donne 93.

**414.** Quel est le nombre qui, augmenté de 86, donne une somme qui surpasse de 14 le quintuple de ce nombre ?

**415.** Si d'un nombre on retranche 6 et qu'on multiplie le reste par 12, on trouve 84. Quel est ce nombre ?

**416.** Un tonneau contient 228 litres; si l'on en avait tiré 4 litres de moins, il resterait plein aux $\frac{2}{3}$. Combien a-t-on tiré de litres ?

**417.** J'avais 42 francs, j'en ai dépensé une partie, et il me reste trois fois autant que j'ai dépensé. Quelle est ma dépense ?

**418.** Si l'on retranche 204 à un nombre, le reste n'est plus que le $\frac{1}{3}$ du nombre. Quel est ce nombre ?

**419.** Au $\frac{1}{3}$ d'un nombre on retranche 11, il reste 16. Quel est ce nombre ?

**420.** Si l'on ajoute 8 aux $\frac{3}{4}$ d'un nombre, on obtient 83. Quel est ce nombre ?

**421.** Le $\frac{1}{4}$ et le $\frac{1}{5}$ de ce que j'ai dans ma bourse font 33 fr. 30. Combien ai-je ?

**422.** Trouver un nombre qui ait 6 de différence entre son $\frac{1}{3}$ et son $\frac{1}{4}$.

423. Trouver un nombre dont le $\frac{1}{5}$, augmenté du $\frac{1}{7}$, donne 22 de moins que le nombre.

424. Le $\frac{1}{4}$ d'un nombre, augmenté du $\frac{1}{3}$ de ce nombre et de 10, donne le nombre lui-même. Quel est ce nombre ?

425. En multipliant un nombre par 4, et divisant le résultat par 3, on obtient 24. Quel est ce nombre ?

426. Un voyageur parcourt le premier jour $\frac{1}{3}$ de son chemin, le deuxième jour $\frac{1}{4}$ et le troisième jour les 50 kilomètres qui lui restent à parcourir. Quelle est la longueur du voyage ?

427. Un homme laisse en mourant $\frac{1}{3}$ de sa fortune à sa femme, $\frac{1}{2}$ à ses enfants, $\frac{1}{12}$ à ses domestiques et 360 francs qui restent pour des bonnes œuvres. Quelle est sa fortune ?

428. Le $\frac{1}{6}$ d'un poteau est enfoncé en terre, les $\frac{2}{5}$ dans l'eau, et le reste qui est en dehors a 3m 25. Quelle est la longueur du poteau ?

429. Dans une corbeille d'œufs de Pâques il y en a $\frac{1}{3}$ de rouges, $\frac{1}{4}$ de verts, $\frac{1}{5}$ de jaunes, $\frac{1}{6}$ de bleus et 3 œufs blancs. Combien cette corbeille contient-elle d'œufs de chaque couleur ?

430. L'âge d'une personne est triple de celui d'une autre ; les deux âges ont pour somme 24 ans. Quelle est l'âge de chacune ?

431. Trouver deux nombres dont la somme est 94 et la différence 16.

432. La somme de deux nombres vaut 5 fois le petit nombre, leur différence est 33. Quels sont les deux nombres ?

433. La somme de deux nombres est 93 ; leur différence est égale au petit nombre. Quels sont les deux nombres ?

434. La somme de deux nombres est 5760 ; leur différence est égale au $\frac{1}{3}$ du plus grand. Quels sont ces deux nombres ?

435. Partager 60 en deux parties telles que le $\frac{1}{7}$ de l'une soit égal au $\frac{1}{3}$ de l'autre.

**436.** Partager 45 en deux parties telles que la moitié de l'une soit égale au double de l'autre.

**437.** Partager 20 en deux parties telles que la somme du triple de l'une et du quintuple de l'autre soit 84.

**438.** Partager 75 en deux parties telles que trois fois la plus grande surpasse de 15 sept fois la plus petite.

**439.** Partager 189 en deux parties telles que le $\frac{1}{4}$ de l'une surpasse de 14 le $\frac{1}{3}$ de l'autre.

**440.** Partager 100 en deux parties telles que le $\frac{1}{8}$ de l'une retranché du $\frac{1}{4}$ de l'autre donne 1 pour reste.

**441.** Partager 1800 francs en deux parties telles que leur rapport soit $\frac{2}{7}$.

**442.** Partager 140 francs entre deux personnes de manière que la part de la première soit de $\frac{1}{3}$ plus grande que la part de la deuxième.

**443.** La somme de deux nombres est 14; si on les augmente chacun de 7, leur rapport est $\frac{5}{9}$. Quels sont ces nombres ?

**444.** Trouver deux nombres tels que leur différence soit 15, et le quotient du plus petit par le plus grand augmenté de la différence, soit $\frac{6}{7}$.

**445.** Un père a 45 ans, son fils 10. Dans combien de temps l'âge du père ne sera-t-il que le double de celui de son fils ?

**446.** Un enfant a 10 ans, son père 40. Dans combien de temps l'âge du fils sera-t-il le $\frac{1}{3}$ de celui du père ?

**447.** Deux personnes ont : l'une 30 ans, l'autre 20 ans. Dans combien de temps le rapport des âges sera-t-il $\frac{5}{4}$ ?

**448.** Un père a 25 ans de plus que son fils. Dans 20 ans, l'âge du fils sera la moitié de celui du père. Quels sont les deux âges ?

**449.** Un père a 60 ans, son fils 40. Combien y a-t-il de temps que l'âge du fils était $\frac{1}{3}$ de celui du père ?

**450.** Si l'on ajoute 8 aux deux termes d'une fraction, elle devient égale à $\frac{3}{4}$. Quelle est cette fraction, sachant que la différence entre le dénominateur et le numérateur est 5 ?

## § V. Problèmes du premier degré à deux inconnues.

451. Trouver deux nombres tels que 2 fois le premier, plus 5 fois le deuxième, donnent 101, et 4 fois le premier, plus 3 fois le deuxième, donnent 111.

452. Trouver deux nombres tels que si le premier est augmenté de 4 fois le second, la somme est 29; si le second est augmenté de 3 fois le premier, la somme est 36.

453. Former la somme de 95 francs avec 25 pièces de 5 francs et de 2 francs.

454. On veut former une somme de 440 francs avec 40 pièces de 5 francs et de 20 francs. Combien faut-il prendre de pièces de chaque espèce ?

455. Dans une basse-cour où se trouvent des poules et des lapins, on compte 35 têtes et 94 pattes. Combien y a-t-il de poules et de lapins ?

456. Pour payer 5 journées d'ouvrier et 3 de manœuvre, on donne 35 fr. 25; pour payer 3 journées d'ouvrier et 5 de manœuvre, on donne 30 fr. 75. Quel est le prix de ces journées ?

457. La somme de deux nombres est 105, leur rapport $\frac{2}{5}$. Quels sont ces nombres ?

458. La différence de deux nombres est 55, et 4 fois le plus grand donnent 26 fois le plus petit. Quels sont ces deux nombres ?

459. Trouver deux nombres ayant 5 pour somme et pour quotient.

460. Trouver deux nombres ayant 5 pour différence et pour quotient.

461. Quelle est la fraction qui devient 1 quand on ajoute 3 à son numérateur, et $\frac{1}{2}$ quand on ajoute 2 à son dénominateur ?

462. Si le numérateur d'une fraction augmente de 1, la fraction devient $\frac{1}{3}$ ; si le dénominateur de cette fraction augmente de 1, la fraction devient $\frac{1}{4}$. Quelle est cette fraction ?

463. Trouver une fraction qui devienne égale à $\frac{2}{3}$ quand on retranche 1 à chacun de ses termes, et à $\frac{3}{4}$ quand on ajoute 1 à ses deux termes.

**464.** Deux armées, avant une bataille, étaient dans le rapport de 6 à 7; la première perdit 8000 hommes, la seconde 24000, de sorte qu'après la bataille le rapport des armées était $\frac{5}{4}$. Trouver le nombre de soldats des deux armées.

**465.** Deux nombres sont dans le rapport de 5 à 3; mais si on retranche 10 au premier et qu'on ajoute 10 au second, le rapport est inverse. Quels sont ces nombres ?

**466.** Trouver deux nombres tels que leur rapport soit de 2 à 1, et que si l'on retranche le plus grand de 79 et le plus petit de 57, le rapport des restes soit $\frac{9}{8}$.

**467.** La somme de deux nombres est 59; les $\frac{5}{6}$ du premier valent les $\frac{4}{7}$ du second. Quels sont ces deux nombres ?

**468.** Un marchand a deux chevaux et des harnais; les harnais valent 220 francs. S'il met les harnais sur le premier cheval, celui-ci vaut le double du deuxième cheval; s'il met les harnais sur le second, celui-ci vaut encore 280 francs de moins que le premier. Quelle est la valeur des chevaux ?

**469.** Deux enfants ont chacun un certain nombre de billes. Si le premier en donnait 20 au second, celui-ci en aurait le double de ce qui resterait à l'autre. Si le second en donnait 20 au premier, le premier en aurait le triple de ce qui resterait au second. Combien chaque enfant a-t-il de billes ?

**470.** Si Alexandre eût vécu 9 ans de moins, il aurait régné $\frac{1}{8}$ de sa vie; mais s'il eût vécu 9 ans de plus, il aurait régné la moitié de sa vie. Quelle a été la durée de son règne et à quel âge est-il mort ?

---

# CHAPITRE III

## ÉQUATIONS DU SECOND DEGRÉ

### § I. Équations numériques à une inconnue.

**471.** $x^2 - 8x + 12 = 0$.

**472.** $x^2 - 14x + 13 = 0$.

**473.** $x^2 - 30x + 200 = 0$.

**474.** $x^2 - 22x + 85 = 0$.

**475.** $x^2 - 60x + 459 = 0$.

**476.** $x^2 - 115x + 1500 = 0$.

477. $x^2 - 39x + 270 = 0.$

478. $x^2 - 71x + 1\,050 = 0.$

479. $x^2 - 111x + 1010 = 0.$

480. $x^2 - 85x + 400 = 0.$

481. $x^2 + 4x - 32 = 0.$

482. $x^2 + 14x - 32 = 0.$

483. $x^2 - 4x - 5 = 0.$

484. $x^2 - 6x - 16 = 0.$

485. $x^2 - 8x - 105 = 0.$

486. $x^2 - 3x - 18 = 0.$

487. $x^2 - 7x - 170 = 0.$

488. $x^2 + 21x - 820 = 0.$

489. $x^2 - 11x - 2040 = 0.$

490. $x^2 + 100x = 100 + x.$

491. $x^2 - x - 9\,900 = 0.$

492. $x^2 + 2x = 195.$

493. $x^2 + 14x + 48 = 0.$

494. $x^2 + 20x + 19 = 0.$

495. $x^2 + 11x + 30 = 0.$

496. $x^2 + 20x = 2x - 65.$

497. $x^2 + 31x + 150 = 0.$

498. $x^2 + 21x = 2x - 90.$

499. $x^2 + 20x + 51 = 0.$

500. $x^2 + 110x = 5(x - 100).$

## § II. Problèmes du second degré à une inconnue.

**501.** Quel est le nombre qui, multiplié par ses $\frac{3}{4}$, donne 3072 ?

**502.** Quel est le nombre dont les $\frac{2}{5}$ multipliés par les $\frac{3}{7}$ donnent 840 ?

**503.** Un nombre augmenté de 7, multiplié par ce même nombre diminué de 7, donne 8 600 pour produit. Quel est ce nombre ?

**504.** Trouver les deux dimensions d'un rectangle, sachant que sa surface est de 211 932 mètres carrés, et que sa hauteur est les $\frac{7}{9}$ de la base.

**505.** Quel est le côté d'un carré, sachant que si l'on ajoute 2 mètres à sa base et 3 mètres à sa hauteur, le rectangle obtenu a 366 mètres de plus que le carré ?

**506.** Trouver 3 nombres entiers consécutifs tels que leur produit égale 21 fois leur somme.

**507.** Quel est le nombre dont le carré, diminué de 36, égale 16 fois ce nombre ?

**508.** Quel est le nombre dont le carré, le double et le triple font 66 ?

**509.** Quel est le nombre dont le carré, la moitié et le double font 231 ?

**510.** Trouver deux nombres entiers consécutifs dont le produit soit 650.

**511.** Trouver deux nombres entiers consécutifs tels que la somme de leurs carrés soit 481.

**512.** Trouver deux nombres qui diffèrent de 2, et tels que leur produit soit 399.

**513.** La somme de deux nombres est 17, leur produit est 72. Quels sont ces deux nombres ?

**514.** La différence de deux nombres est 8, et leur produit 105. Quels sont ces nombres ?

**515.** Quel est le nombre qui surpasse de 72 sa racine carrée ?

**516.** Trouver deux nombres, sachant que leur différence est 16 et la somme de leurs carrés 328.

**517.** Trouver les deux dimensions d'un rectangle dont la superficie est de 8100 mètres carrés, sachant que son périmètre est de 362 mètres.

**518.** Quelles sont les dimensions d'un rectangle dont la superficie est de 2646 mètres carrés, sachant que l'une a 21 mètres de plus que l'autre ?

**519.** La surface d'un triangle est 3724 mètres carrés. Quelles sont sa base et sa hauteur, sachant que la première a 22 mètres de moins que l'autre ?

**520.** Quel est le prix d'achat d'un meuble, sachant qu'on a vendu ce meuble 56 fr., et qu'à ce marché on a gagné autant pour cent que le meuble avait coûté ?

**521.** On a 540 fr. à partager entre un certain nombre de personnes; mais au moment du partage, deux se retirent, de telle sorte que les autres reçoivent chacune 3 fr. de plus qu'elles n'attendaient. Combien y a-t-il eu de partageants ?



**FIN**

# TABLE



## PREMIÈRE PARTIE

### CALCUL ALGÉBRIQUE



## DEUXIÈME PARTIE

### ÉQUATIONS DU PREMIER DEGRÉ



## TROISIÈME PARTIE

### ÉQUATIONS DU SECOND DEGRÉ

# EXERCICES SUPPLÉMENTAIRES

## CHAPITRE I

### CALCUL ALGÉBRIQUE



## CHAPITRE II

### ÉQUATIONS DU PREMIER DEGRÉ



## CHAPITRE III

### ÉQUATIONS DU SECOND DEGRÉ





40099. — Tours, impr. Mame.

www.ingramcontent.com/pod-product-compliance
Ingram Content Group UK Ltd.
Pitfield, Milton Keynes, MK11 3LW, UK
UKHW021559260726
13993UKWH00002B/945

9 782329 208619